唐建华　王建华　主编

畜禽疾病防治

用药手册

中国农业出版社

内容摘要

本书是一本实用指导性畜禽疾病防治与用药手册。针对猪、牛、羊、家禽、兔和犬、猫常见疾病，提出了诊断要点、综合防治手段和用药方案等防控措施。注重医学、药学知识的系统性、科学性和实用性，让读者全面了解畜禽疾病知识的同时，科学而简洁地提出了适用于动物个体实际要求的应对措施、方法和手段。本书可作为动物养殖场饲养管理人员、兽医工作者、养殖专业户和兽药经营者“随身携带”的一本用药指导手册。

编者

主　　编　唐建华　王建华

副 主 编　张习平　陈吉轩　李成洪

编写人员（按姓名笔画排序）

王建华　叶长华　朱兆荣　刘昌林

李成洪　伍　涛　陈吉轩　吴天明

岳秀阳　周永涛　张习平　胡世君

胡财春　贺永建　唐建华　唐　达

唐红梅　袁　亨

前言

药物是把双刃剑，既可发挥防治畜禽疾病的作用，又能对畜禽健康带来不良影响。在生产实践中常常可以看到，一是有些用户缺乏兽药的相关知识，不能做到科学与合理用药，或者使用药物的方法不当，或者配伍用药失宜，结果造成药物浪费、疗效不佳，轻则贻误治疗时机，重则使动物病情加重甚至中毒死亡。二是有些用户为了追求短期疗效、担心养殖亏损和受经济利益的驱使，违规使用兽药，过度依赖，滥用兽药，导致兽药在畜禽产品中的药物残留超标。三是有的养殖户在无病情况下盲目地使用药物预防，不但会使动物产生抗药性和发生药源性疾病，而且还会使体内有益的微生物群落以及构成的微生物防线遭到溃散，给致病菌提供可乘之机，反而导致动物自身疾病抵抗力下降易生病。因此，科学性、针对性和合理性使用药物进行预防和治疗，既能提高养殖效率，保障食源性动物食品安全，也是解决当今约束依托动物养殖致富这一扶贫项目的瓶颈关键所在的重要问题。

本书从家畜疾病防治的一般原则、猪常见疾病的诊治、牛羊常见疾病的诊治、家禽常见病防治、兔的常见病防治、犬猫常见疾病的防制、规模化猪场饲养管理技术和综合防制免疫措施等系统性角度，针对当今养殖业所涉及的不同动物养殖中可能存在的常见疾病，本着预防、控制和治疗等目的，科学而简洁地提出了适用于临床个体实际要求的应对措施、方法和手段。在提出通用理论方案的同时，结合重庆方通动物药业有限公司提供的参考产品，深入浅出地介绍了具体用药方案，既具有理论指导性，又具有实际操作性。

本书密切结合养殖实际，突出实用性、科学性、安全性原则，文字注重通俗易懂，便于基层读者阅读理解。本书适用于猪、牛、羊、家禽、兔和犬、猫等养殖场饲养管理人员、兽医工作者和养殖专业户阅读，也可以作为大专院校的辅助教材和参考书。

本书在编写过程中还得到了西南大学、重庆大学、重庆市畜牧科学院和重庆方通动物药业有限公司等单位的其他同志的支持和协助，他们提出了十分宝贵的意见，作者在此表示感谢。

兽医科学是一门不断发展的学科，必须遵守标准用药安全的注意事项。但随着科学研究的发展及临床经验的积累，知识也不断更新，治疗方法及用药也必须或有必要做相应的调整。本书内容虽历十多年的临床应用和易稿，但由于畜禽品种较多、药物产品繁多、新的药用原料和制剂日新月异，建议读者在使用每一种药物之前，参阅厂家提供的产品说明书以确认推荐的药物用量、用药方法、所需用药的时间及禁忌等。兽医有责任根据经验和动物实际病情决定用药量及选择最佳治疗方案，为此，出版社和作者对任何在治疗中所发生的对患病动物和/或财产所造成的伤害不承担任何责任，特此声明。

基于作者水平有限，编写中仍可能有疏漏或不足之处，敬请读者批评指正，使其日臻完善，作者不胜感激。

编　者

2016年3月

目 录

前言

第一章　畜禽疾病防制的基本原则 …………………………… 1

第一节　畜禽疾病的一般诊断原则 …………………………… 1
第二节　畜禽疾病的一般防治原则 …………………………… 5
第三节　畜禽疾病防治的用药原则 …………………………… 9
第四节　药物的配伍禁忌 …………………………………… 13

第二章　猪常见病的防制与用药方案 ……………………… 17

第一节　猪瘟 ………………………………………………… 17
第二节　猪繁殖与呼吸综合征（蓝耳病）…………………… 20
第三节　猪流行性感冒 ……………………………………… 23
第四节　猪伪狂犬病 ………………………………………… 25
第五节　猪圆环病毒病 ……………………………………… 27
第六节　猪乙型脑炎 ………………………………………… 31
第七节　猪细小病毒病 ……………………………………… 33
第八节　猪链球菌病 ………………………………………… 34
第九节　猪丹毒 ……………………………………………… 37
第十节　猪口蹄疫 …………………………………………… 39
第十一节　猪巴氏杆菌病 …………………………………… 41

第十二节　副猪嗜血杆菌病 …… 43
第十三节　猪支原体肺炎（猪气喘病） …… 46
第十四节　附红细胞体病 …… 48
第十五节　猪传染性胸膜肺炎 …… 51
第十六节　弓形虫病 …… 53
第十七节　猪传染性萎缩性鼻炎 …… 55
第十八节　猪流行性腹泻 …… 57
第十九节　猪传染性胃肠炎 …… 58
第二十节　仔猪红痢 …… 60
第二十一节　仔猪黄痢、白痢 …… 62
第二十二节　猪副伤寒（猪沙门氏菌病） …… 64
第二十三节　猪痢疾 …… 66
第二十四节　猪增生性肠炎 …… 68
第二十五节　猪水肿病 …… 70
第二十六节　仔猪渗出性皮炎 …… 72
第二十七节　猪呼吸道疾病综合征 …… 73
第二十八节　猪李氏杆菌病 …… 74
第二十九节　母猪无乳综合症 …… 76
第三十节　母猪产后不食症 …… 77
第三十一节　母猪不发情及少孕症 …… 80
第三十二节　仔猪低血糖症 …… 80
第三十三节　母猪低温症 …… 81
第三十四节　猪应激综合征 …… 83
第三十五节　猪痘 …… 85
第三十六节　猪常见的寄生虫病 …… 86
第三十七节　仔猪脱肛病 …… 87
第三十八节　猪霉玉米（饲料）中毒 …… 89
第三十九节　猪常见的中毒性疾病 …… 90

第三章　牛、羊常见病的防制与用药方案 …… 92
第一节　牛流行热 …… 92
第二节　牛病毒性腹泻-黏膜病 …… 94
第三节　牛支原体肺炎 …… 95
第四节　牛口蹄疫 …… 97
第五节　奶牛蹄叶炎 …… 99
第六节　牛副流行性感冒 …… 100
第七节　牛胃肠炎 …… 101
第八节　牛、羊无浆体病 …… 103
第九节　奶牛高酮血症 …… 105
第十节　奶牛子宫内膜炎 …… 106
第十一节　前胃弛缓 …… 108
第十二节　瘤胃积食 …… 109
第十三节　瘤胃臌胀 …… 110
第十四节　羊梭菌性疾病 …… 112
第十五节　羊链球菌病 …… 114
第十六节　羔羊痢疾 …… 116
第十七节　羊棒状杆菌病 …… 117
第十八节　山羊传染性胸膜肺炎 …… 118
第十九节　羊口疮 …… 120
第二十节　羊痘 …… 122
第二十一节　产后综合征 …… 124
第二十二节　牛、羊、猪、鸡、犬、兔螨病 …… 126
第四章　家禽常见病的防制与用药方案 …… 129
第一节　鸡新城疫 …… 129
第二节　传染性法氏囊病 …… 131

第三节　传染性喉气管炎 …… 133
第四节　传染性支气管炎 …… 134
第五节　鸡球虫病 …… 136
第六节　鸡白冠病 …… 137
第七节　禽巴氏杆菌病 …… 139
第八节　鸡慢性呼吸道病 …… 141
第九节　禽大肠杆菌病 …… 142
第十节　鸭瘟 …… 145
第十一节　鸭病毒性肝炎 …… 147
第十二节　小鹅瘟 …… 148
第十三节　鸭传染性浆膜炎 …… 150

第五章　兔常见病的防制与用药方案 …… 152

第一节　兔瘟 …… 152
第二节　兔巴氏杆菌病 …… 153
第三节　兔魏氏梭菌性肠炎 …… 154
第四节　兔球虫病 …… 155
第五节　兔中耳炎 …… 157
第六节　兔葡萄球菌病 …… 157

第六章　犬、猫常见病的防制与用药方案 …… 160

第一节　犬瘟热（CD） …… 160
第二节　猫泛白细胞减少症（猫瘟热） …… 161
第三节　犬传染性肝炎 …… 162
第四节　犬、猫轮状病毒感染 …… 163
第五节　犬钩端螺旋体病 …… 164
第六节　犬细小病毒病 …… 165
第七节　犬、猫肉毒梭菌中毒 …… 166

第七章　畜禽疾病防制的综合措施 …… 168
第一节　猪病的诊断思路 …… 168
第二节　猪病的主要症状、病理变化与疾病 …… 172
第三节　常见猪病的治疗原则与药物配伍方案 …… 176
第四节　猪生长发育不同阶段的易发性疾病和保健方案 … 181
第五节　不同季节多发性猪病的防控措施 …… 184
第六节　僵猪的育肥 …… 186
第七节　猪“怪病不吃”症的解决方案 …… 187
第八节　母猪瘫痪的病因与防制 …… 190
第九节　母猪产前、产后便秘的防制方案 …… 191
第十节　猪场的免疫程序 …… 192
第十一节　商品蛋鸡的免疫程序和预防性投药方案 …… 194
第十二节　商品鸭、商品鹅及良种肉鸡的免疫程序 …… 196

附录　病理变化图谱 …… 199
参考文献 …… 203

第一章　畜禽疾病防制的基本原则

第一节　畜禽疾病的一般诊断原则

正确认识疾病，掌握其发生发展规律，才能制定合理、有效的防治措施。临床诊断是对动物所患疾病的调查、检查和判断。通过详细的调查和检查而获得全面的病史（或流行病学）、临床症状、用药效果等全面资料；再经过对其进行综合分析，以弄清疾病的实质。所以，疾病诊断的过程，也就是调查、了解、检查、认识、鉴别和判定疾病的全过程。

一、正确诊断是达到有效治疗的前提

1. 全面真实的调查病史、收集临床症状和资料

病史、症状和其他相关资料（如治疗情况、当地疫病流行情况等）是认识疾病的基础和建立诊断的依据，全面、系统地收集临床症状是诊断疾病的重要步骤。

（1）兽医工作者应当全面真实的收集临床症状和相关资料，具备熟练的临床检查方法和正确诊查程序。随着科学技术的不断发展，在传统的“望、闻、问、切”的基础上，又不断有新的方法、手段和仪器逐渐充实或代替过去的检查方法。因此，要求兽医工作者必须做到：

①不断学习。不仅需要学习和掌握基本的临床检查方法，还必

须掌握现代科学的检测手段，包括科学的理论，正确的临床和实验室操作技术和方法等。

②熟悉各种动物正常的生理结构和机能状态，以及在外界不同因素影响下所表现的变化，这是全面分析、正确判定畜禽疾病的基础。

（2）在运用不同方法对临床疾病进行诊断之前需要拟定翔实可行的检查程序和方案，可以保证收集全面的临床症状和增加收集症状的客观性，可以发现始料不到的现象，如继发病、并发症等，翔实记录、客观分析、严谨思考。当然，也不能机械性地搬用，而是应该根据不同动物、不同环境和条件具体而灵活地运用。如病情危急时，我们必须先进行必要的抢救，然后再进行系统的检查。

2. 收集临床症状并正确分析

通过系列的诊断方式和手段，收集临床症状和相关病史、资料，将错综复杂的临床症状和资料进行整理、归纳、综合、分析，判定症状的主次性，为疾病的诊断和判定提供依据。在整理分析中需分清：

（1）示病症状和特殊症状：某些疾病所特有的症状，如牙关紧闭、四肢强直呈“木马状”是破伤风的示病症状，鸡拉“血粪”是球虫病的特殊症状等。

（2）局部症状和全身症状：临床中明显的局部症状可以确定主要的患病器官，而全身的症状又可以预测疾病的发展趋向。因此，需准确分析和判定临床中哪些是局部症状，提示的病变部位是哪些相应的系统、组织或器官；分析全身症状，明确疾病的现状及发病动物机能状态以及预后疾病的发展趋向，从中获得治疗疾病的基本原则和思路。

（3）综合症侯群：某些症状互相联系而又同时或相继出现，即综合症侯群。如体温升高，精神沉郁或兴奋，呼吸、心跳及脉搏频率增多，食欲减少（有时还出现蛋白尿）等症状相继出现，称为发热综合症侯群。在收集症状和全部资料之后，加以归纳。分析综合症侯群，对提示某一器官、系统疾病或对明确疾病的性质具有重要意义，对提示诊断或鉴别诊断有实用价值。

（4）前驱（先兆）症状和后遗症：综合系统地分析前驱症状和后遗症，结合疾病的治疗过程，对提高疾病的治愈率，了解疾病的病因有重要意义。

3. 建立科学的诊断

收集病史、临床症状和其他相关资料只是建立诊断的第一步，对临床症状和资料进行整理和分类是为科学准确的诊断打下基础。因此建立科学准确的诊断，是至关疾病治疗成功与否的关键。

（1）完整的诊断应在全面收集症状的基础上逐步做到：发现病变部位，尤其是主要病损器官和部位、判定疾病的性质、明确致病的原因、阐明发病的机理、判定预后。

（2）诊断分析的具体方法：

①论证诊断法：将实际所具有的临床症状、资料，与所提出的疾病所应具备的症状、条件，加以比较、核对和证实。

②鉴别诊断法：通过深入的分析、比较，采用排除诊断法，逐一排除可能性较小的疾病，缩小考虑的范围，最后留有一个或几个可能性较大的疾病作出诊断。

两种方法相互补充、相辅相成，正确运用两种以上临床诊断方法将提高疾病诊断的准确性。

二、诊断疫病的常用方法

（1）根据流行病学进行诊断，如发病季节、日龄、动物种类、传染来源、周围发病情况等。

（2）根据临床症状进行诊断，主要是发病期的特征性症状。

（3）病理剖解诊断，根据每个疫病的特征性病理剖解变化来进行诊断。

（4）微生物学诊断，通过病原微生物的分离、鉴定进行诊断。

（5）免疫学诊断，利用抗原抗体反应和变态反应来检查病原微生物抗原的诊断。

（6）分子生物学诊断，如 PCR、基因探针、核酸测序等，具有快速、准确等优点。

以上前三种诊断方法统称临床诊断，可通过问诊和实地检查诊断相结合进行；后三种诊断方法统称实验室诊断，诊断结果应与临床诊断相结合，才能作出确诊。

三、诊断需具备科学求实的态度

对每一例病的诊断，都必须完整真实的收集相关资料，以客观求实的态度整理，进行准确真实的判断，最后根据防治实践的实际效果，进一步验证、充实和完善初步诊断。

四、从业者（兽医工作者）必须认真学习，掌握正确的诊断方法，提高诊断水平；不断总结经验，并认真分析错误诊断的原因，积极加以改进

1. 正确诊断的重要条件

首先必须以全面而真实的病史、症状等资料作为诊断依据。这要求必须详尽的收集临床症状，相关资料，并辅以多方面的检查，以形成全面而真实的材料。其次必须用辩证唯物主义的观点作指导，只有用发展和正确的观点作指导，才能对病程作动态的分析，以取得最后的正确结论。

2. 导致错误诊断的因素

（1）疾病临床症状不典型或异常复杂，如时间紧、手段落后等。

（2）患畜或畜主原因，如病畜骚动不安而难于检查，畜主提供错误信息影响判断等。

（3）兽医工作者本身原因，如检查方法不熟练或不正确，临床资料收集不全面，对收集资料整理不客观，判定疾病经验不丰富等。

兽医工作者只有不断学习和总结，集思广益，并克服粗枝大叶、不负责任的不良习惯和自满、主观的不良作风，对工作认真负责，深入仔细，并善于虚心学习，不断提高自己的业务工作能力，才能更好地完成畜禽疾病的诊疗任务。

第二节　畜禽疾病的一般防治原则

临床诊断只是防治疾病的一个基本过程，最终目的是指导合理用药，有效治疗，以控制疾病的进一步发生发展，减少畜牧业经济损失，达到以最低的成本获取良好的经济效益。

一、贯彻预防为主、防重于治、防治结合的原则

在临床疾病治疗过程中，我们必须贯彻预防为主、防重于治的原则。尤其是对国家宏观控制的烈性传染病，我们必须按照动物防疫法的要求和重大动物疫病的控制方案，制定与之相应的适合于本地区的疾病防疫程序和方案。在对疾病诊治过程中，有责任和义务宣传动物疾病防治的相关法规和基本原则。

二、及时、准确的原则

接到疫情报告或求救时，必须贯彻“及时、准确”的原则。及时诊断可以及早的发现疫情，及早的治疗疾病，在短时间内控制疾病的进一步蔓延，尤其对烈性传染病的控制能够在很大程度上降低损失。准确治疗，可以及时有效地控制疾病的进一步发展，降低用药成本。当然，治疗的准确程度与诊断的正确性密切相关，即诊断的准确性越高，对疾病的治疗措施的正确性越高，临床控制疾病的效果也就越好。

三、标本兼治的原则

在临床病例的发生、发展和转归过程中，有导致该病发生的原

因，有由该病因所引起的或其他原因所导致的临床症状。在临床诊断中，应准确判定导致该病的病因和症状。在治疗中，必须考虑标本兼治，既要考虑对因治疗（消除致病的根本原因），又要对症治疗（消除临床症状）。例如仔猪水肿病，导致该病的病原（即病因）是溶血性大肠杆菌，投喂高蛋白、高能量饲料是诱因，头部水肿、眼结膜潮红、尖叫转圈等是特异性症状。对于该病的治疗既要考虑杀灭致病性大肠杆菌，又要考虑改善临床症状，同时限制采食或更换饲料消除诱因。因此在选择用药时，要考虑选择对该场致病性大肠杆菌高度敏感的药物，同时也要考虑选用中和或排除毒素的药物，辅以利尿消肿、抗过敏的药物。通过综合用药、标本兼治，才能有效提高该病的治疗效果。

四、兼顾预防同群、假定健康畜群的原则

在疾病诊治过程中，不仅考虑要对发病畜禽进行治疗，同时要考虑对同圈或同群假定健康的畜禽进行有效的防治。尤其在发现是某些法定传染病，在按相关措施和法规进行处理的同时，必须加强对该病的紧急预防治疗工作，以尽可能将损失减少到最低。

五、科学合理的用药原则

在明确疾病的性质、疾病的种类、致病的原因、治疗的方法以后，选择用药也必须科学合理，既要考虑对病原的敏感性，又要考虑用药的成本。一般普通的常规制剂能够解决问题的，尽可能使用常规制剂。两种或多种药物配伍时，既要考虑其对疾病的有效性，又要考虑其对动物机体的毒副作用，同时还要考虑几种药物之间的配伍禁忌。

六、“三分治疗、七分管理”的原则

导致疾病的发生，一般是多种因素综合作用的结果。因此，在临床治疗过程中，必须科学全面，既要考虑导致疾病的主要原因，

同时还要考虑次要原因，尤其针对饲养管理方面的因素。在整个疾病的防制过程中，始终需要坚持“三分治疗、七分管理”的原则。如:仔猪水肿病,多由于条件改变所致。再如突然断奶,多与突然更换饲料、饲料蛋白质水平过高等有关。因此,在治疗过程中,除了合理用药以外,还必须要求畜主改善饲养管理条件，及时调整饲料、环境消毒和保温等。只有通过有效的综合管理，才能有效防治疾病的发生。

七、具备良好职业道德素养的原则

作为从事畜禽疾病防治的专业人员，应该树立良好的职业道德，能够从疾病防治整体全局着想，能够急养殖户之所急。不能一味注重经济效益而不顾养殖户的利益，不能为掩饰自己技术水平的不足而对病情描述随意加重或降低，不能片面主观地认定临床病例，不能草率从事，不能故意推卸责任等。

八、保护动物、服务人类健康的原则

在动物疾病的防治过程中，要始终坚持和推行保护动物、服务人类的健康原则。既要消除动物疾病，又要恢复或提高动物的生产性能，避免药源性疾病等。所以，规模化养殖场提高动物福利是有效提高畜禽产品质量，保护人类身体健康的最佳措施。

九、规模化养殖场疫病发生时的处理原则

（1）及时发现疾病，对发病动物立即采取隔离措施，派专人进行饲养管理。

（2）及时进行疫病的诊断，如诊断为烈性传染病，应根据动物防疫法上报疫情。

（3）消毒：发生疫病后，应选用敏感的消毒药物进行带畜消毒，每天应消毒 2 次，上午和下午各 1 次。

（4）封锁：如为一类烈性传染病，根据动物防疫法应采取相应的封锁措施，减少经济损失。

（5）紧急预防接种：对同圈疑似健康动物和附近的假定健康动物应进行紧急预防接种，可疑健康动物中处于潜伏期的动物可能出现加速发病甚至死亡，但没感染的动物能尽快获得免疫力而得到保护。

（6）治疗：隔离条件下对病畜进行治疗，防止进一步传播，避免引起更大的经济损失。

（7）尸体处理：做好生物安全工作，对死畜和淘汰的病畜应按动物防疫法进行无害化处理。

十、制定规模化养殖场免疫程序的基本原则

制定适合本地本场的、个性化的免疫程序时，应考虑以下八个方面的因素：

（1）当地传染病的有无及流行的严重程度，如没有可考虑不免疫，流行严重的应加强免疫。

（2）根据传染病的流行特征进行免疫，如乙型脑炎，在西南地区每年3月份进行免疫。

（3）母源抗体的水平高时应推迟弱毒活苗的免疫，灭活疫苗不受影响，一般阳性率下降至50%～60%时进行首免。

（4）同一疫苗进行第二次免疫时，应考虑上一次免疫接种时产生的抗体水平。

（5）为保证免疫效果，应尽量选用单苗。

（6）各种疫苗接种的隔离时间应以7～10天为宜，同期注射疫苗较多时，至少应不低于4天。

（7）疫苗种类的选择，如血清型、厂家、含毒量等。

（8）免疫接种方法的选择，如皮下、肌肉、口服、滴鼻等。

以上八个因素相辅相成，相互制约，应综合考虑。

十一、免疫接种的注意事项

1. 疫苗的保存及运输

（1）保存条件：灭活苗4～8℃，弱毒冻干苗－20～－18℃。

（2）运输：应在低温条件下运送，在保温箱中加入冰块、冰袋等。

2. 疫苗的稀释及使用

（1）稀释：应使用生理盐水或指定稀释液稀释。

（2）使用：稀释后应尽快用完，如猪瘟兔化弱毒细胞苗稀释后应在60分钟内用完。

（3）针头：必须避免针头污染。

3. 免疫接种反应

（1）正常反应：指短时间内出现的精神沉郁，食欲减少，注射部位的红、肿、热、痛等，但能很快恢复。

（2）严重反应：性质与正常反应相同，只是程度比正常反应严重、出现动物的数量较多。

（3）合并症：与正常反应不同的一种反应，如过敏反应、继发感染或混合感染。

第三节　畜禽疾病防治的用药原则

一、准确认识疾病是选择用药的前提

只有对疾病有一个准确的认识，才能对症下药。通过准确的诊断，明确该病的治疗原则和治疗方向以后，我们才能知道首先应该选择什么药作为主药，什么药作为辅药。也只有明白疾病的发展趋势，才能明确首先应采取的措施，为整个疾病的治疗用药提供明确的方向。

二、合理选择药物

（1）首先选用对病原高度敏感且抗菌谱相对较窄的药物。因为既要考虑对该病的有效，又要考虑耐药性问题，防止药物在治疗过程中产生交叉耐药性的问题。

（2）常规制剂能够解决问题时，首先选用常规制剂。因为其不仅可以降低用药成本，同时可以避免耐药性和药物生命周期缩短等问题，因新药一般采取更新换代或复方制剂组成，首先使用新药虽能够迅速控制疾病，但同样会导致疾病对该类药物的依赖性。

三、对药物治疗疾病的作用机理和方式、类型有足够的了解

对所选药物必须有足够的认识和了解，包括其作用机理、作用方式、作用类型等。因为对其作用机理的了解，可以掌握所选药物对病原的作用机理、作用靶器官等，做到心中有数；对作用方式的了解，可以根据临床需要选择用药；同时可以合理避免药物本身或使用过程中的副作用、毒性作用、过敏反应、继发反应、后遗效应、残留等；对作用方式的了解，可以明确药物选择的合理性，如临床动物疾病主要表现亢奋，就应该考虑选择抑制机能活动（镇静类）的药物。

四、选择准确的用药剂量、给药途径和疗程

用药中还必须考虑准确的用药剂量，因为每一种药物均有其治疗的安全范围和有效范围。超出（或低于）该范围，均有可能造成药物中毒或无效。

选择与药物相适应的给药途径是保证药物发挥有效作用的基本条件。一般给药途径有口服、注射（如皮下、肌内、静脉、胸腔、腹腔注射等）、局部用药（涂擦、撒粉、喷雾、灌注、洗涤等）及环境用药。每一种药物均有其相适应的给药途径。因此，在临床中必须参照使用说明书选择合适的给药途径，以保证药物发挥最佳的效果。

保证药物足够疗程是治愈疾病的关键。每种药物均有其相应的作用时间，在疾病治疗过程中保持较高的血药浓度是有效杀灭或抑制病原、治疗疾病的基本保障。但是并不是药物使用时间越长越好，对于一些容易产生耐药性的药物必须注意控制其药物的使用时间，在实际使用中可以采用轮换使用的方法。如抗球虫药必须考虑

轮换使用。

五、注意药物的双重性，达到治疗疾病的目的

药物具备双重性的特点，即在治疗过程中产生有利于机体的防治作用，也同时可能产生一些不利于机体的不良反应。因此在临床用药中要尽可能发挥药物的治疗作用，避免不良反应的产生。但是二者又不是绝对的，有时二者会相互转化。在药物配伍中就要考虑药物的双重性问题，合理利用药物与药物、药物与机体和药物与病原之间的双重功效关系，发挥药物最大的治疗效果，尽可能地减少不良反应的发生。

六、了解影响药物作用的因素，合理配伍用药

临床用药中，影响药物作用的因素很多。如：动物的种类、年龄、性别和个体差异，药物的剂量、剂型、给药途径和环境因素均会影响药物的作用效果。了解影响药物作用的诸多因素，能够有效指导临床用药，提高疾病治疗的效果，同时还能确保用药的安全性。如体况较差和肾功能衰竭的畜禽用药时就必须考虑动物的承受力，在用药时就应该考虑辅以调节受损组织器官功能和补充营养的药物以达到用药安全的目的。正确的联合用药能够增强治疗效果，减少或消除药物的不良反应。

七、对特殊药品的运用要有足够的认识

1. 使用生物制品时的注意事项

（1）必须掌握本地区传染病流行情况。

（2）了解使用动物品种及健康状态。

（3）了解所用生物制品的质量、使用方法、剂量。

（4）使用部分生物制品时不能同时使用抗生素和消毒剂。

2. 使用抗菌药物的注意事项

（1）对因用药。

（2）用量适当、疗程充足。

（3）联合用药，要有明确的临床指征。

（4）注意观察患病动物的反应，及时修改治疗方案。

（5）必须强调综合性治疗措施。

（6）注意药物配伍时产生的蓄积、协同、累加、拮抗等。

（7）药物混合使用时，要注意药物的理化性质等。

3. 使用消毒药物时的注意事项

（1）针对不同对象选择不同的消毒药及浓度，病原微生物抵抗力越强，使用的浓度越高。但酒精除外，酒精的最佳使用浓度为75%。

（2）根据药物及病原特性，确定使用时间。

（3）药物浓度与杀菌能力之间的关系。

（4）有机物的存在以及微生物的特点也会影响药物的消毒效果。

4. 使用抗寄生虫药物时的注意事项

（1）针对寄生虫的生活史选用药物，确定给药方案。

（2）根据动物年龄、体况确定适宜的给药剂量。

（3）球虫等容易产生耐药性，临床用药时应注意剂量和疗程，并考虑合理轮换用药。

（4）拌料或饮水投喂抗寄生虫药时，应当混合均匀投喂。

5. 使用解热镇痛、抗风湿药物时的注意事项

（1）正确认识发热，把握最佳用药时机。

（2）正确认识疼痛，必须在明确诊断后，再根据指征选用。

（3）正确认识抗炎药，充分掌握抗炎药的作用特点，合理选用。

6. 输液疗法的注意事项

（1）制定正确的输液方案，确定输液时间。

（2）选择合适的液体，一般根据脱水的性质而定，原则上缺什么补什么。

（3）根据动物体况和疾病的严重程度补充适宜的输液量。

（4）结合病情需要和患病动物心脏承受力确定输液的速度。同时还要注意液体温度，应尽可能接近动物的体温，一般以35～36℃为宜。

第四节　药物的配伍禁忌

抗菌药物对细菌有速杀（灭）、慢杀（灭）、速抑（制）、慢抑（制）4类。属于速杀的药物有青霉素类、头孢菌素类等；属于慢杀的药物有氨基糖苷类、多粘菌素类等；属于速抑的药物有大环内酯类、四环素类、氯霉素类等；属于慢抑的药物主要有磺胺类。速杀和慢杀药物联用具有增效作用；速杀和速抑的药物联用则会产生拮抗；慢杀和速抑的药物联用有协同作用。

一、药物的协同作用

广义地讲，在临床上药物协同作用包括增强作用、相加作用、扩大抗菌谱及减少毒副作用等。

（1）青霉素类和头孢菌素类与克拉维酸、舒巴坦、TMP合用有较好的抑酶保护和协同增效作用。

（2）青霉素类与氨基糖苷类药理上呈协同作用（如有理化性质变化需分开使用）。

（3）甲氧苄啶（TMP）、奥美普宁（OMP）、阿迪普宁（ADP）、巴喹普宁（BQP）、二甲氧苄啶（DVD）对磺胺类和绝大部分抗菌药物有抗菌增效协同作用。

（4）丁胺卡那霉素与TMP合用、氨基糖苷类与多粘菌素类合用对各种革兰氏阳性杆菌有效（阻碍蛋白质合成的不同环节）。

（5）四环素类与同类药物及非同类药物（如泰妙菌素、泰乐菌素）配伍，用于胃肠道和呼吸道感染有协同作用。

（6）四环素类与酰胺醇类合用有较好的协同作用（阻碍蛋白质

合成的不同环节）。

（7）大环内酯类，红霉素与磺胺二甲嘧啶、磺胺嘧啶、磺胺间甲氧嘧啶、TMP 的复方制剂可用于治疗呼吸道疾病。

（8）红霉素与泰乐菌素或链霉素联用，可获得协同作用；北里霉素常与链霉素、酰胺醇类合用；泰乐菌素可与磺胺类合用。

（9）氟喹诺酮类与杀菌性抗菌药（青霉素、氨基糖苷类）及 TMP 在治疗特定细菌感染方面有协同作用，如环丙沙星加氨苄青霉素对金黄色葡萄球菌表现相加作用；环丙沙星加 TMP 对金黄色葡萄球菌、链球菌、大肠杆菌、沙门氏菌有协同作用，可与磺胺类药物配伍应用。

（10）林可酰胺类，林可霉素可与四环素配合用于治疗合并感染；林可霉素可与壮观霉素合用治疗呼吸道病；林可霉素可与新霉素、恩诺沙星合用。

（11）繁殖期杀菌药与静止期杀菌药配伍常获得协同作用，青霉素与氟苯尼考配伍常用于草绿色链球菌心内膜炎和肠球菌感染。羧苄西林与庆大霉素（或妥布霉素、阿米卡星）联合应用有协同作用，可用于绿脓杆菌感染，但二者不可置于同一容器中，应分别滴注。

（12）氨曲南与氨基糖苷类联用，对绿脓杆菌、不动杆菌、沙雷杆菌、克雷伯氏杆菌、肠杆菌属、大肠杆菌等起协同抗菌作用。此种配伍尚有青霉素与其他氨基糖苷类，氨苄西林与氨基糖苷类，万古霉素与酰胺醇类或氨基糖苷类，其他青霉素类与氨基糖苷类，头孢菌素与氨基糖苷类，利福平与氨基糖苷类。

（13）静止期杀菌药与快速抑菌药配伍常获得协同或相加作用。如：四环素与酰胺醇类或氨基糖苷类；米诺环素与酰胺醇类配伍用于布鲁氏菌病。

（14）静止期杀菌药与慢速抑菌药配伍常获得协同或相加作用。如复方新诺明与氨基糖苷类。

（15）快速抑菌药与慢速抑菌药配伍常获得相加作用。如多黏菌素类与复方新诺明、阿米卡星，头孢菌素类与氟喹诺酮，利福平与异烟肼，利福平与乙胺丁醇，利福平与万古霉素或头孢唑啉，万古霉素与头孢唑啉或氯唑西林，美西林与β-内酰胺类，磺胺类与甲氧苄啶。

二、药物配伍禁忌

原则：同类药物不要配伍使用。青霉素类及头孢菌素类抗菌药物不要与快速抑菌剂如四环素类药物配伍使用。两者之间会发生化学反应的制剂不可混合在一起应用，如烟碱、氧化剂和还原剂。两者之间发生物理变化（如吸潮、融化）的制剂不可混合在一起使用。两者的药理作用相互拮抗（除非作为解毒剂）不可配伍使用，如兴奋剂与抑制剂、拟胆碱药与抗胆碱药、拟肾上腺素药与抗肾上腺素药等。两者在一起会产生毒性增强作用，尽可能不配伍使用，如强心苷与钙制剂等。

（1）青霉素类不与四环素类、酰胺醇类、大环内酯类等抗菌药合用，青霉素类为快速杀菌剂，四环素类为快速抑菌剂，合用干扰了青霉素的作用。青霉素类与维生素C、碳酸氢钠等也不能同时使用（酸碱度变化，理化性配伍禁忌）。

（2）头孢菌素类忌与氨基糖苷类混合使用。青霉素类和头孢菌素类在静脉注射时，最好与氯化钠配合。与5%或10%葡萄糖配合，应即配即用，长时间放置会破坏抗生素的效价。

（3）氨基糖苷类不可与酰胺醇类合用。

（4）酰胺醇类与磺胺类药物混合配伍应用会发生水解失效；碱性物质如$NaHCO_3$、氨茶碱和含钙、镁、锌、铁等金属离子（包括含此类离子的中药）能与四环素类药物络合而阻滞四环素类吸收。

（5）红霉素不宜与β-内酰胺类、酰胺醇类、林可霉素、四环素联用。

（6）酰胺醇类与林可霉素、红霉素、链霉素、青霉素类、氟喹诺酮类等具有拮抗作用。

（7）链霉素类不可与磺胺类、$NaHCO_3$、氨茶碱、人工盐等碱性药物配合使用。

（8）氟喹诺酮类与利福平、酰胺醇类、大环内酯类（如红霉素）、硝基呋喃类合用有拮抗作用。

（9）氟喹诺酮类与氨茶碱对血浆蛋白结合有竞争抑制作用，与氨茶碱联合应用时，使氨茶碱的血药浓度升高，可出现茶碱的毒性反应，应注意。

（10）泰妙菌素不可与聚醚类抗生素如莫能菌素、盐霉素配伍使用。

（11）阿莫西林与四环素、头孢菌素与大环内酯类合用会产生药理性拮抗，杀菌作用降低。

（12）氨苄青霉素钠配合葡萄糖输液、青霉素钠（或氨苄西林钠）配合维生素C酸碱度改变，使抗菌药物降解。

第二章 猪常见病的防制与用药方案

第一节 猪 瘟

猪瘟俗称烂肠瘟，是由猪瘟病毒引起猪的一种高度接触性的急性、热性传染病，是对养猪业危害最严重的一种烈性传染病。临床上以急性、发热、致死性败血症为特征，大型猪场常表现为母猪流产、死胎、木乃伊胎、弱仔或仔猪发病等，并出现持续感染或隐性感染。

［诊断要点］

1. 流行特点

仅猪发病，不受品种、年龄、性别、季节的影响。病猪及带毒猪为传染源，主要经过消化道、呼吸道、眼结膜和损伤的皮肤感染，也可垂直传播。目前由于猪瘟疫苗免疫接种的广泛实施，典型猪瘟较少见，而亚急性型、非典型性、先天性、迟发性猪瘟逐渐增多。

2. 临床症状

（1）共有症状：感染初期，表现困倦，不愿活动，躬背、怕冷、厌食，体温升高达 41.5～42℃。

（2）化脓性结膜炎：眼睛出现明显的分泌物，眼结膜潮红，严重时眼睑完全黏合。

（3）初期便秘，接着转变为严重水样的灰黄色下痢，猪常挤堆，有的猪呕吐胆汁样黄色液体。

（4）皮肤出血：在病程后期，腹部、鼻、耳和四肢可出现紫色出血瘀斑、瘀点，甚至出血，形成黑色结痂。吻突、齿龈有点状出血。

（5）神经症状：走路摇摆，最后四肢麻痹痉挛，数天内死亡。

（6）公猪阴鞘积白色液体，包皮积尿。

（7）母猪感染表现为繁殖障碍，可出现流产、木乃伊胎、畸形胎、死胎。弱胎出生后皮肤可见出血点，几天内死亡。

3. 病理变化

（1）剖检可见全身淋巴结肿胀出血，被膜暗红色至紫红色并有出血点，切面可见弥漫性出血点或出血斑，呈红白相间的大理石状，尤以颌下、咽部、腹股沟、肺门、胃门、肾门、肠系膜等淋巴结最为明显（见附录图一），淋巴结病变出现最早最明显，具有早期诊断价值。

（2）肾脏实质变性，有的呈土黄色，包膜下有数量不等的暗紫红色小点状出血（见附录图二），肾皮质和髓质均有点状或线状出血，新生仔猪肾畸形或沟回状。

（3）膀胱黏膜有出血，口角、齿龈、喉、会厌软骨、心脏、肠黏膜、浆膜和皮肤有出血点或坏死灶。胃底黏膜可见出血性溃疡灶，十二指肠、盲肠、回肠、结肠、直肠也常有出血点。

（4）回盲瓣纽扣状溃疡灶具有诊断价值。

（5）脾脏边缘紫黑色，有隆起的出血性梗死灶，病灶大小不一，颜色略深于脾，具有诊断价值（见附录图三）。

［综合防制措施］

1. 平时的预防措施

提高猪群的免疫水平，防止引入病猪，切断传播途径，广泛持久开展猪瘟疫苗的预防注射，是预防本病的关键。

（1）免疫程序：实行跟胎免疫，建议仔猪 20 日龄左右首免，60～65 日龄二免。母猪配种前 1 个月免疫。

（2）疫苗及剂量：如用脾淋苗，仔猪用 2 头份，母猪用 4 头份。如为细胞苗，建议使用高效价疫苗，仔猪 1～2 头份，母猪2～4 头份。

（3）药物预防：用芪贞增免颗粒、复合维生素 B 可溶性粉（方通氨唯多）、二氢吡啶预混剂（方通优生太）和葡萄糖粉，拌料或兑水饮用，每天一次，连用 3～5 天。每月定期饲喂本配方，可增强体质，提高机体免疫力，预防猪瘟的发生。

2. 流行时的防制措施

（1）封锁疫点：在封锁地点内停止生猪及猪产品的集市买卖和外运，不准散养放牧猪群。最后 1 头病猪死亡或处理 3 周后，如再无新病例发生，经彻底消毒后，方可解除封锁。

（2）病猪处理：对所有猪进行测温和临床检查，如诊断为病猪，采取扑杀，无害化处理；污染的场地、用具和工作人员都应严格消毒，防止病毒扩散；可疑病猪予以隔离。对有带毒综合征的母猪，应坚决淘汰。

（3）紧急预防接种：对疫区内的假定健康猪和受威胁区的猪立即注射猪瘟兔化弱毒疫苗，剂量可增至常规量的 2～4 倍。

（4）彻底消毒：在猪瘟流行期间，对饲养用具应每天消毒 2 次，圈舍内可用戊二醛癸甲溴铵溶液（方通无迪）按 1∶500 兑水喷雾消毒。

［用药方案］

猪瘟的病死率高，无有效药物直接控制，特殊情况下可考虑用猪瘟兔化弱毒苗 2～5 头份进行紧急预防接种。下列方案对控制猪瘟的继发感染有一定效果，有降低其病死率的作用，但对本病无效。

方案一：硫酸庆大-小诺霉素注射液（方通王）和黄芪多糖注射液（方通抗毒）或板蓝根注射液（如方通独自）配合氨苄西林钠粉针（方通泰宁），分别肌内注射，每天 1～2 次，连续 2～3 天。

方案二：慢性猪瘟（非典型猪瘟），用金芩芍注射液（方通诸乐）配合青霉素钾粉针（方通泰能），再加盐酸多西环素注射液（方通独链剔），每天 2 次，连续 2～3 天。

在应用以上方案之一时，配合口服芪贞增免颗粒、盐酸多西环素可溶性粉（方通独链剔粉）和复合维生素 B 可溶性粉（方通氨唯多）或维生素 C 可溶性粉，效果更好。

第二节　猪繁殖与呼吸综合征（蓝耳病）

猪繁殖与呼吸综合征又叫蓝耳病，是由猪繁殖与呼吸综合征病毒（PRRSV）引起的，主要侵害繁殖母猪和仔猪的一种接触性传染病。临床上以流产、死胎、木乃伊胎以及仔猪的呼吸困难、蓝耳、急性死亡为主要特征。本病为免疫抑制病，机体一旦被 PRRSV 入侵，发病常伴有其他病原参与。PRRSV 常发生变异，出现新的基因型，毒力增强，根据农业部规定，将高致病性蓝耳病称为猪高热病。

［诊断要点］

1. 流行特点

病原只感染猪，不同年龄、品种和性别的猪均易感，尤以母猪和仔猪为多见。感染猪和耐过猪是本病最重要的传染源，病毒可经接触传播。呼吸道、消化道是其感染的主要途径，也可垂直传播。蓝耳病的临床症状在不同的感染猪群中有很大的差异。

2. 临床症状

妊娠母猪、哺乳仔猪症状较重，肥育猪、成年猪症状较轻，多呈亚临床感染。

（1）妊娠母猪：主要表现为怀孕母猪出现大批流产或早产，产死胎、木乃伊胎或弱仔（见附录图四）。其余表现不明显或轻微，有的突然出现厌食，有的可出现喷嚏、咳嗽等类似猪流感的呼吸道症状，有的可能体温稍高，但通常不出现高热稽留。严重的病例可出现精神沉郁、呼吸困难等，耳尖、耳边、肚腹、阴唇皮肤呈现蓝紫色（见附录图五），有的四肢末端皮肤出现红斑、瘀斑。此外，还出现泌乳困难，分娩困难，还可能继发性膀胱炎、重复发情等。

（2）空怀母猪：感染后也出现厌食、呼吸困难、咳嗽及发热等症状，配种时可见配种率、受精率下降。

（3）公猪：公猪的主要症状是食欲不振、嗜睡、精液质量下降等。

（4）新生仔猪：部分表现呼吸困难、运动失调及轻瘫等神经症状，产后1周内死亡率40%～80%。以1月龄内和断奶仔猪最易感，体温升高达40℃以上，双耳背面、边缘皮肤呈青紫色，腹式呼吸，食欲减退或废绝，腹泻，全身皮肤在病初发红，被毛粗乱，后腿及肌肉震颤，共济失调，渐进性消瘦，眼睑水肿。耐过仔猪长期消瘦，生长缓慢。肥育猪临床表现轻度的类似流感症状。

（5）小猪和青年猪：感染该病后其临床症状较为温和，但感染高致病性蓝耳病毒株时，出现严重的呼吸道症状，高热、蓝耳、呼吸困难、咳嗽和肺炎等，表现流感样综合征，部分病猪可出现上述皮肤变化，对抗生素和疫苗反应性差。

猪群的感染率和死亡率主要取决于是否继发感染其他疫病，单独发病时，死亡率较低，如与猪瘟，副猪嗜血杆菌病等其他病混合发生时，死亡率较高。

3. 病理变化

（1）病初可见耳尖、尾巴、乳头和阴户等部位的皮肤呈蓝紫色；病程稍长者可见整个耳朵、颌下、四肢及胸腹下均呈现紫色、破溃或结痂，有的头部水肿，胸腔和腹腔有积液。

（2）淋巴结肿大呈灰白色、肌肉灰白水肿。

（3）特征性病变发生于肺脏，主要以间质性肺炎为特征。眼观肺脏膨满，表面有大小不等出血点，尖叶和心叶部有灶状肺泡性肺气肿并见瘀斑，肋膈面间质增宽、水肿，有红褐色瘀斑和实变区。

（4）支气管有少量含泡沫的液体。

［综合防制措施］

1. 免疫方案

目前已研制成弱毒苗和灭活苗。一般认为弱毒苗效果较佳，但易污染及出现变异毒株，多半在受污染的猪场使用。

方案一：25～30 日龄仔猪使用高致病性猪蓝耳病灭活苗进行免疫接种，后备种猪使用时，于配种前一个月免疫接种。仔猪免疫前后饲喂茵栀解毒颗粒（方通独林颗粒），可有效促进抗体形成，提高抗体滴度和机体免疫力。后备母猪在配种前进行 2 次免疫，首免在配种前 2 个月，间隔 1 个月进行二免，经产母猪在配种前半个月进行免疫。

方案二：后备种公猪在配种前 30 天免疫 1 次“经典蓝耳病”疫苗，间隔 10～15 天，免疫高致病性猪蓝耳病灭活苗 1 次，种公猪每 6 个月免疫 1 次，两种疫苗都要预防时，间隔 10～15 天。后备母猪配种前 30 天免疫 1 次经典蓝耳病疫苗，间隔 10～15 天，免疫高致病性猪蓝耳病灭活苗 1 次。经产母猪产后 20 天免疫 1 次经典蓝耳病疫苗，间隔 10～15 天，免疫高致病性猪蓝耳病灭活苗 1 次。断奶仔猪断奶后免疫 1 次高致病性猪蓝耳病灭活苗。

2. 控制措施

从外地购入猪时，要严格检查、检疫、消毒、隔离观察。坚持自繁自养，尽量不从外地购入种猪、育肥猪，加强输出输入检疫工作，及时隔离病猪。出栏后猪舍用戊二醛癸甲溴铵溶液（方通消可灭）或聚维酮碘溶液（方通典净）彻底消毒 2 次，空栏 14 天后方可饲养健康猪。平时加强饲养管理，搞好环境卫生，做好常规性消毒和防疫工作。一旦发生该病，加强饲养管理，对症疗法，控制继发感染。仔猪早断乳，隔离饲养，用灭活蓝耳病疫苗进行预防接种。

［用药方案］

一旦发生疫情，应立即进行隔离封锁，用戊二醛癸甲溴铵溶液

（方通无迪）对圈舍、用具、道路和人员进行全方位的彻底消毒。对感染不明显的猪群，采取如下措施，对提高成活率、防止病原菌的传播有一定作用。

方案一：金芩芍注射液（方通诸乐）稀释头孢噻呋钠或氨苄西林钠粉针（方通泰宁），配合泰乐菌素注射液（必洛星-200）或氟苯尼考注射液（红皮烂肺康）肌内注射，每天 1 次，连用 2～3 天。

方案二：银黄提取物注射液（方通热独先峰）或四季青注射液（方通口毒）配合硫酸卡那霉素注射液（方通必洛克）稀释酒石酸泰乐菌素粉针（方通泰克），肌内注射，每天 1 次，连用 2～3 天。

在应用以上方案之一时，口服七清败毒颗粒（方通奇独康颗粒）、替米考星预混剂（方通乎揣通散）和复合 B 族维生素可溶性粉（方通氨唯多），效果更好。

第三节 猪流行性感冒

猪流行性感冒是由猪流行性感冒病毒引起的急性、高度接触性传染病，以传播迅速、发热和伴有不同程度的呼吸道症状为特征。经常与副猪嗜血杆菌或多杀性巴氏杆菌混合或继发感染，使病情加重。临床特点是突然发生，传播迅速，体温升高和流鼻涕，咳嗽等呼吸道症状。

［诊断要点］

1. 流行特点

本病流行有明显的季节性，大多发生在天气骤变的晚秋、早春以及寒冷的冬季。发生迅速，流行面广，死亡率低。各个年龄、性别和品种的猪均有易感性。病猪、带毒猪和病人是主要传染源。已证实人的甲 3 型流感病毒能自然感染猪和其他动物，也有猪 H_1N_1 流感病毒感染人的报道。

2. 临床特征

全群猪几乎同时发病，体温突然升高到40～42℃，精神极度委顿，常卧地一处。初期出现鼻炎症状，流水样鼻液，4～5天后流黏稠鼻液，严重者可出现脓性带血鼻液。同时相继出现结膜炎，眼结膜潮红，眼有浆液性及黏性分泌物、眼睑浮肿、鼻镜干燥潮红、腹式呼吸、阵发性咳嗽。如猪体况良好，多数6～7天后康复。有继发感染时，发生肺炎或肠炎而死亡。

3. 剖检病变

病变主要在呼吸器官。鼻、咽、喉、气管和支气管的黏膜充血、肿胀，覆有黏稠的液体，胸腔蓄积浆液，纵隔淋巴结、支气管淋巴结肿大。肺病变主要表现为大叶性肺炎，常在尖叶、心叶、间叶、膈叶的背部与基底部，出现水肿、充血、出血，肺的间质增宽并出现炎症变化。胃肠发生卡他性炎，胃黏膜充血、出血。

［综合防制措施］

气候突然变化时，特别是春秋季节要注意猪舍保暖和清洁卫生，猪舍和用具等定期用戊二醛癸甲溴铵溶液（方通无迪）消毒；尽量不在寒冷、多雨、气候多变的季节长途运输猪群，降低猪的应激性，减少疾病的发生；发生疫情后，应将病猪隔离，加强护理，用板青颗粒、氟苯尼考粉（方通氟强）和盐酸多西环素可溶性粉（方通独链剔粉）全群预防。

［用药方案］

方案一：双黄连注射液（方通雪清）＋氨苄西林钠粉针（方通流链丹独康A＋B），再配合10％盐酸多西环素注射液（方通独链剔）或20％土霉素注射液（方通附血康），肌内注射，每天1次，连用2～3天。

方案二：沙拉沙星注射液（方通沙特）或四季青注射液（方通独特）直接稀释氨苄西林钠粉针（方通泰宁）或阿莫西林钠粉针

（方通热雪多太），配合黄芪多糖注射液（方通口通智）肌内注射，每天1次，连用2～3天。

方案三：银黄提取物注射液（方通热独先峰）或硫酸庆大-小诺霉素注射液（方通重杆宁）配合青霉素钠粉针（方通特林），肌内注射，每天1次，连用3天。

用以上方案之一时，配合氟尼辛葡甲胺颗粒（方通热迪颗粒）、阿莫西林可溶性粉（方通阿莫欣粉）和盐酸多西环素可溶性粉（方通独链剔粉）口服，效果更好。

第四节　猪伪狂犬病

伪狂犬病是由伪狂犬病毒引起的猪和其他动物共患的一种急性、热性传染病。以发热、奇痒、脑脊髓炎为主要症状。成年猪常为隐性感染，怀孕母猪常表现流产、死胎和呼吸道症状，哺乳仔猪除呈脑脊髓炎和败血性综合征外，还可侵害消化系统。

［诊断要点］

1. 流行特点

猪、牛、羊、犬、猫等多种动物都可自然感染本病。病猪、带毒猪及带毒鼠类是本病重要的传染源。病猪的鼻液、唾液、乳汁、尿液均带毒。猪可直接接触和间接接触发生传染，还可经呼吸道黏膜、消化道、破损的皮肤和配种发生感染，妊娠母猪感染本病后可经胎盘直接感染胎儿。泌乳母猪感染本病后1周左右乳中有病毒出现，可持续3～5天，仔猪可因哺乳而感染本病。

2. 临床症状

不同年龄的猪对伪狂犬病病毒的敏感性不同。乳猪产下后都很健壮，1～3日龄都很正常，翌日出现眼眶发红，昏睡，精神沉郁，口流泡沫或唾液，体温高达41～41.5℃，有的呕吐或腹泻。两耳后竖，遇声音刺激兴奋和鸣叫。病猪眼睑和嘴角水肿，腹部有粟粒大小紫色斑点，步态不稳和姿势异常，倒行或步行蹒跚，严重者四肢麻痹呈游泳状（见附录图六）。几乎所有病猪都有神经症状，间歇性抽搐，癫痫，角弓反张，盲目行走或转圈，或呆立不动以头触地或抵墙，出现神经症状的乳猪死亡率可达100%。

20日龄以上的仔猪发病较严重，体温41℃以上，呼吸急促，被毛粗乱，不食或食欲下降，耳尖发紫，几乎所有病猪都有神经症状，间歇性抽搐，癫痫，角弓反张，盲目行走或转圈。4月龄左右的猪有轻微症状，数天低热，呼吸困难，流鼻汁，咳嗽，精神沉郁，食欲不振，有时呕吐或腹泻，有的很快恢复。成年猪多为隐性感染，有时出现厌食、便秘、震颤、惊厥、视力消失或眼结膜炎。有的母猪分娩延迟或提前，产死胎、木乃伊胎或流产，流产率为50%。

3. 病理变化

（1）扁桃体可出现化脓性坏死灶。

（2）肝、脾、肾、肺等表面有灰白色坏死小点（见附录图七），这是与猪瘟鉴别诊断点，应注意观察。

（3）肾出血，肾上腺坏死。

（4）非化脓性脑炎，脑膜充血、出血。

（5）肺常见卡他性、卡他化脓性及出血性炎症或肺散在小叶性肺炎和小的出血灶。

［综合防制措施］

1. 常规预防，严格检疫

（1）不要从发生过本病的地区引进种猪。

（2）灭鼠：消灭牧场、养猪场及环境中的鼠类，减少传播媒介。

（3）净化猪群，建立无病猪群：发现病猪立即隔离，猪圈、场地、用具用2%氢氧化钠或稀戊二醛溶液（如方通全佳洁）进行消毒，发病猪场禁止牲畜和饲料进出，对带毒病猪进行淘汰，培育健康幼猪和猪群，最终建立无病猪群。

2. 紧急预防

对发生本病的猪场，应做好净化猪群、扑杀病猪和预防接种等工作。第一，带毒种猪采取全群淘汰更新；第二，隔离饲养阳性反应母猪所生的后裔；第三，加倍使用猪伪狂犬双基因缺失苗进行紧急预防接种，平时仔猪出生后 3 天内滴鼻，母猪配种前半个月进行免疫，种公猪每半年免疫一次。

3. 同一猪场尽量使用相同的基因缺失疫苗，以免发生重组。

4. 消毒

戊二醛癸甲溴铵溶液（方通无迪）按 1∶1 000 兑水对圈舍及各种用具进行严格消毒。

[用药方案]

发病猪群，首先用伪狂犬病疫苗 2～3 倍剂量紧急免疫后，再用如下方案控制继发感染。

方案一：金根注射液稀释头孢噻呋钠粉针（方通痢肿炎独宁 A＋B），肌内注射，每天 1～2 次，连用 2～3 天。

方案二：黄芪多糖注射液（方通抗毒）或双黄连注射液（方通雪清）配合恩诺沙星注射液（方通子诺宁），肌内注射，每天 1 次，连用 2～3 天。

通过以上方案，能有效提高免疫力，控制继发感染，有利于病猪自然恢复。再配合维生素 C 注射液、维生素 B_1 注射液（方通长维舒）肌内注射；同时用复合 B 族维生素可溶性粉（方通氨唯多）、芪贞增免颗粒兑水饮用，疗效更佳。

第五节　猪圆环病毒病

猪圆环病毒病主要是由猪圆环病毒 2 型（PCV2）感染所致的一种病毒性疾病。临床上以体质下降、消瘦、腹泻、呼吸道症状、黄疸、免疫机能下降、生产性能降低为特征，给养猪业造成了相当大的经济损失，已成为危害养猪生产的主要疾病之一，有的猪场感染率达 90%，是主要的免疫抑制性疾病。

［诊断要点］

1. 流行特点

本病主要感染断奶后仔猪，哺乳猪很少发病，一般集中于断奶后 2～3 周或 5～8 周龄的仔猪。病毒可随粪便、鼻腔分泌物排出体外，主要通过消化道感染。如与蓝耳病、细小病毒病、猪瘟、猪伪狂犬病等混合感染，促进了本病的发生流行，加重病情，死亡淘汰率增加。

2. 临床特征

根据本病的主要表现方式可分为：

（1）断奶仔猪多系统衰竭综合征（PMWS）：常见于 6～16 周龄的仔猪（以 6～10 周龄多发），受感染的猪群发病率为 2%～20%。其病程由初期消化功能降低而出现食欲不振到被毛无光泽，皮毛粗乱，皮肤苍白或黄染，同时出现呼吸系统症状，持续性或间歇性腹泻，水样下痢或黑便。体表淋巴结肿大，皮肤有红色的出血点（见附录图八），少数仔猪乳头呈现淡蓝色，有些猪出现神经症状，如角弓反张、四肢呈划水样运动，最后衰竭死亡，由于病程长而发生进行性消瘦。如并发感染会加剧死亡，不死的大多变成“僵猪”。

（2）猪皮炎和肾病综合征（PDNS）：通常多发于 8～18 周龄猪，以 12～14 周龄为易感猪群。主要表现为病猪皮肤背部、胸部、前后肢内侧腹部等处可出现皮肤炎症，突然广泛出现各种形状、大小不一，呈红紫色丘状斑点的微突起，以背部最明显，边缘呈紫红色圆形或不规则形隆起于皮肤表面，呈斑块状黑色痂皮，如无继发感染，很少死亡。

（3）仔猪先天性震颤：主要表现为初生仔猪全身骨骼肌肉痉挛性收缩，头部、肋胸部、四肢震颤站立不稳，行走困难，最后因仔猪吃奶不足表现昏睡、低血糖症，最后衰竭而死。但要注意与缺硒、猪伪狂犬病和单纯的由于母猪无乳综合征引起的初生仔猪低血糖症和猪瘟相区别。

此外，圆环病毒感染后还易引起母猪的繁殖障碍及坏死性肺炎、呼吸道疾病综合征等。

3. 病理变化

（1）全身淋巴结肿大，特别是腹股沟淋巴结肿大可达2～5倍。

（2）肺肿大，坚硬如橡皮，常有肝变，表面一般呈灰褐色的斑驳状外观。

（3）肾的变化较多，有50％的猪肾可见皮质和髓质散在大小不一的白色坏死灶和坏死，有的肾表面有点状出血。但髓质不出血，这是与猪瘟的鉴别诊断点。

（4）脾头轻度肿大，一端萎缩，有的有黑色梗死。

（5）大多数病猪的肝有不同程度的萎缩、纤维化、淡黄色坏死。

［综合防制方案］

1. 本病发生的特点是猪群一旦感染就可能增加了其他病原协同感染的概率，并最终导致不同的临床症状。因此，对其他传染病的控制尤为重要。

2. 加强饲养管理

（1）引进没有带毒的种猪，做好隔离和消毒工作，尽量使同一单元母猪的分娩时间相近，同一周内断奶的仔猪应在同一栏内饲养，尽量做到全进全出。

（2）减少氨气等有害气体，调控好通风、温度和饲养密度，设立病猪隔离栏，及时将保育舍或生长舍的病猪隔离治疗，加强消毒措施。

3. 免疫接种

（1）检查和改进原有的免疫程序，猪圆环病毒疫苗目前国内有灭活苗、弱毒苗和基因工程苗，使用灭活苗的较多，但需要在10～15日龄首免，30～35日龄二次免疫，可使死亡淘汰率减少10%～20%。

（2）注意加强猪瘟、猪伪狂犬病、猪繁殖与呼吸综合征的免疫接种。病毒性弱毒疫苗可产生免疫干扰作用，两种病毒性弱毒疫苗接种间隔应不少于5天。

（3）药物防治：在以下四个阶段喂服芪贞增免颗粒或七清败毒颗粒（方通奇独康颗粒）、延胡索酸泰妙菌素预混剂（方通必洛星散）和复合B族维生素可溶性粉（方通氨唯多），有良好的控制效果，可有效切断疾病的传播途径。

①执行“后备母猪管理程序”，净化其体内病原体。

②哺乳料中添加药物，切断从母猪到仔猪的垂直传播和寄养造成的产房内的水平传播。

③在断奶仔猪母源抗体降低时，切断不同来源的断奶仔猪混群饲养发生的水平传播。

④在13～15周龄及18～22周龄，切断生长育成猪疾病的发生。

［用药方案］

方案一：四季青注射液（方通独特）＋阿莫西林钠粉针（方通口蓝圆毒慷A＋B）配合土霉素注射液（方通长征），分别肌内注射，每天1次，连用2～3天。

方案二：双黄连注射液（方通圆环豆仓宁）配合30%普鲁卡因青霉素（方通双抗）或头孢氨苄混悬注射液、盐酸头孢噻呋注射液（方通倍健），分别肌内注射，每天1次，连用2～3天。

在用以上方案之一时，在饲料或饮水中添加白龙散（方通温独金刚散）或七清败毒颗粒（方通奇独康颗粒）、延胡索酸泰妙菌素预混剂（方通必洛星散）配合使用，效果更佳。

第六节　猪乙型脑炎

猪乙型脑炎又称为猪流行性乙型脑炎，是由日本乙型脑炎病毒引起的一种急性人畜共患传染病，怀孕母猪表现为流产、死胎，公猪发生睾丸炎，其他猪常为隐性感染。

［诊断要点］

1. 流行特点

本病主要通过蚊虫叮咬传播，具有明显的季节性（多发于7～9月）。

2. 临床特征

病猪体温升高，可达40～41℃，精神沉郁，喜卧地，食欲减退，口渴，结膜潮红，粪便干燥呈球状，表面附有灰白色黏液，尿呈深黄色，少部分猪出现后肢轻度麻痹，行走不稳等脑炎症状，有的后肢关节肿胀疼痛而呈跛行。有的病猪视力障碍，摇头，乱冲乱撞，后肢麻痹，最后倒地不起而死亡。

怀孕母猪发生流产、早产或延迟分娩，产死胎或木乃伊胎。后期感染所产仔猪几天内发生痉挛而死亡。有的仔猪却生长发育良好，同一胎仔猪的大小和病变有显著差别，并常混合存在。母猪流产后，不影响下一次配种。

公猪除上述一般症状外，常发生睾丸肿胀，多呈一侧性，也有发生两侧性的，肿胀程度不一，局部发热，有疼痛感，数日后开始消退，多数逐渐缩小变硬，丧失配种能力。

3. 病理变化

本病最有特征性的病变主要位于生殖器官。流产的子宫内膜显著充血、水肿，黏膜上附有黏稠的分泌物，有散在小出血点，黏膜肌层水肿。流产胎儿有死胎、木乃伊胎。死胎大小不一，中等大的一般完全干化，呈茶褐色，皮下胶样浸润。发育到正常大的死胎，因脑水肿而头部肿大，体躯后部皮下弥漫性水肿，浆膜腔水肿，积液。胸腔和腹腔积液，淋巴结充血，肝和脾有坏死灶。具有神经症状的病猪剖检见脑水肿，脑膜充血、出血，颅腔和脑室蓄积大量澄清脊液。公猪睾丸实质充血、肿大，横断切面充血、瘀血和水肿，有大小不等的黄色坏死灶，周边出血。

［综合防制措施］

1. 免疫接种

目前有灭活苗和弱毒苗，预防接种应在蚊虫出现前一个月内完成。第一年以两周的间隔注射 2 次，以后每年蚊虫出现前注射 1 次。

2. 消灭蚊虫

这是预防和控制本病流行的根本措施。

3. 消毒及流产胎儿的无害化处理

圈舍、场地用戊二醛癸甲溴铵溶液（方通无迪）按 1∶1 000 稀释，严格消毒后方可再进猪饲养。

［用药方案］

方案一：复方磺胺嘧啶钠注射液（方通立克）配合亚硒酸钠维生素 E 注射液（方通肿独康）和黄芪多糖注射液（方通抗毒），分别肌内注射，每天 1～2 次，连用 2～3 天。

方案二：复方磺胺间甲氧嘧啶钠注射液（恒华金刚）混合盐酸沙拉沙星注射液（方通热迪），另一侧注射头孢氨苄混悬注射液或盐酸头孢噻呋注射液（方通倍健），每天 1 次，连用 2～3 天。

在上述肌内注射的同时，喂服磺胺间甲氧嘧啶钠预混剂（方通炎磺散）或阿莫西林可溶性粉（方通阿莫欣粉）、七清败毒颗粒（方通奇独康颗粒）和复合 B 族维生素可溶性粉（方通氨唯多），效果更佳。

第七节　猪细小病毒病

猪细小病毒病是由细小病毒引起初产母猪胚胎和胎儿感染及死亡，而母猪本身不显症状的一种母猪繁殖障碍性传染病。其特征为受感染的怀孕母猪，特别是初产母猪产出死胎、畸形胎、木乃伊胎。

［诊断要点］

1. 流行特点

不同年龄、性别的家猪和野猪均可感染，病猪和带毒猪是主要的传染源。本病的主要传播途径是消化道、呼吸道、交配感染、人工授精和胎盘感染。

2. 临床特征

仔猪和母猪的急性感染通常没有明显症状。性成熟的母猪或不同怀孕期的母猪被感染时，主要临床表现为母源性繁殖障碍。母猪在怀孕 7～15 天感染时，则胚胎死亡而被吸收，使母猪不孕和不规则反复发情。怀孕 30～50 天感染时，可产出雏形猪胎，木乃伊胎；怀孕 50～60 天感染时多出现死产；怀孕 70 天感染的母猪则常出现流产症状。在怀孕中后期感染时，产出木乃伊化程度不同的胎儿、死胎和虚弱的活胎儿。

3. 病理变化

怀孕母猪感染后未见病变或仅见轻度的子宫内膜炎，有的胎盘有部分钙化。早期死亡的胚胎常表现死后液化、组织软化而被吸收。剖解见母猪子宫体积稍大，内膜有轻微炎症，胎盘有部分钙化，感染胎儿还可见充血、水肿、出血、体腔积液、脱水（木乃伊化）及坏死等病变。

［综合防制措施］

1. 控制本病的基本方法：①防止带毒母猪入场，清除病猪，净化猪群；②对 4～6 月龄的公猪和母猪均两次注射猪细小病毒灭活疫苗或弱毒疫苗，母猪在配种前半个月左右免疫接种，公猪每年免疫注射 2 次。

2. 保持圈舍的清洁，随时注意消毒，可用戊二醛癸甲溴铵溶液（方通无迪）或聚维酮碘消毒液（方通典净）按 1∶1 000 稀释泼洒消毒。

［用药方案］

方案一：银黄提取物注射液（方通混杆）配合青霉素钠粉针（方通特林）和土霉素注射液（如方通长征），肌内注射，每天 2 次，连用 3～5 天。

方案二：四季青注射液（如方通独特）＋头孢噻呋钠粉针（方通雪独精典 A＋B）再配合维生素 C 注射液，肌内注射，每天 1 次，连用 3～5 天。

在用以上方案之一控制继发感染的同时，母猪饲喂荆防败毒散（方通毒治散）或茵栀解毒颗粒（方通独林颗粒）和复合 B 族维生素可溶性粉（方通氨唯多）、二氢吡啶预混剂（方通优生太），对防治本病，提高疗效更佳。

第八节　猪链球菌病

猪链球菌病是由多种血清群的链球菌感染所引起的一种急性热性传染病，临床上以败血症、化脓性淋巴结炎、脑膜炎及关节炎为特征。

［诊断要点］

1. 流行特点

当猪群暴发和流行本病时，大小猪均可发病，以架子猪和母猪发病率高，而淋巴结脓肿一般多发于架子猪，6～8 周的仔猪也发生，但传染一般较缓慢。本病一年四季均可发生，但以 5～11 月发生较多。本病常为地方性流行，多呈败血型，如不进行防制，则发病率、病死率较高，慢性型为地方散发性传染。病猪和带菌猪是本病的主要传染源。潜伏期多为1～5天或稍长，本病是一种人畜共患病，有感染人的报道。

2. 临床症状

本病根据临床主要表现症状可分为急性败血症、化脓性淋巴结炎、脑膜炎及关节炎等型。

（1）急性败血型：常为暴发流行。病猪体温升高达41.5～42.5℃，有的高达43℃，稽留热。病猪精神委顿，极度衰竭，口鼻黏膜潮红，结膜发绀，卧地不起，呼吸急促，震颤，食欲减退或废绝，呆立，喜卧，爱喝冷水，小便赤褐色。颈下、腹下及四肢下端皮肤呈现弥散性发绀。头面部发红，有时有水肿，眼结膜充血、潮红、流泪或有脓性分泌物流出。鼻镜干燥，有时可见灰白色的浆液性、脓性鼻液。病猪迅速消瘦，被毛粗乱，皮肤苍白或有紫红色出血斑。濒死期可从鼻孔流出暗红色血液。有的病猪病初便秘而后腹泻，甚至便中带血。尸体剖检以败血症变化为主：

①颈下、腹下及四肢末端等处皮肤有紫红色病灶。

②全身淋巴结充血肿大、出血，尤以肺、脾、肝、肠、胃等内脏淋巴结最为明显。

③脾脏肿大1～3倍，呈暗红色或蓝紫色，软而易脆裂。

④心外膜有点状或条纹状出血，心肌与心包粘连，心室内积有煤焦油样血块（见附录图九）。

⑤肺切面小叶间质增宽，有充血、出血。

⑥肾脏暗红色肿胀，被膜下可见针尖状出血。

⑦有的伴发纤维素浆膜炎，胸、腹腔内有多量淡黄色微浊液体，心包腔内积有淡黄色液体。

（2）脑膜炎型：多见于哺乳仔猪和断奶小猪，常因断乳、去势、转群、拥挤和气候骤变等诱发。病初体温40.5～42.5℃，不食，便秘，有浆液性或黏液性鼻液，随之表现共济失调、转圈、空嚼、磨牙，继而后肢麻痹，侧卧于地，四肢作游泳状或昏睡不醒等。部分病猪出现多发性关节炎。病程 1～2 天。剖检可见化脓性脑膜炎，大、小脑蛛网膜与软膜浑浊增厚，有瘀斑、瘀点，脑脊液增多。脑实质变软，脑室液增多。

（3）关节炎型：病猪关节肿胀，消瘦，食欲不佳，呈明显的一肢或四肢关节炎，可发生于全身各个关节。病猪疼痛、呆立、不愿走动，甚至卧地不起；运动时出现高度跛行，甚至患肢瘫痪，不能起立。病程一般为 2～3 周，部分猪只因体质极度衰竭而死亡，耐过者成为僵猪。病理变化主要为化脓性关节炎，关节肿大、变粗，发生浆液性纤维素性关节炎。关节中含有大量浑浊的关节液，其中含有黄白色奶酪样块状物，关节软骨有糜烂或溃疡，重者关节软骨坏死。

（4）淋巴结脓肿型：多见于颌下淋巴结，其次为咽部和颈部淋巴结。受侵害的淋巴结肿胀，坚硬，触摸有痛感、热感，表现为采食、咀嚼、吞咽和呼吸困难，部分有咳嗽流鼻液症状，后期淋巴结化脓、变软、皮肤坏死。病程 3～5 周，多数可痊愈。

［综合防制措施］

本病流行时，应采取封锁、隔离等措施，对病猪和可疑猪应采用药物治疗，全场用稀戊二醛溶液（方通全佳洁）或 2%烧碱等消毒液进行彻底消毒。加强生猪买卖检疫工作，防止病猪传出或传入。平时加强饲养管理，注意清洁卫生和消毒工作。

对曾发生过猪链球菌病的地区，用链球菌活菌苗肌注或口服进行免疫。

本病菌对药物，特别是对抗生素容易产生抗药性，所以发生本病必须早用药，药量要足。不能因症状好转或消失而停药，以免复发。有条件可作药敏试验，选用最有效的抗菌药物治疗。

［用药方案］

治疗时应按不同类型的临床症状采取不同的治疗方案。

对淋巴结脓肿，待脓肿成熟后，应及时切开，排除脓汁，用聚维酮碘消毒液（方通典净）或碘甘油（方通喷点康）冲洗创腔，再用普鲁卡因青霉素注射液（方通双抗）或头孢氨苄注射液涂抹或灌注于创腔内。

对败血症型、脑膜炎型及关节炎型，应尽早采用大剂量抗生素或磺胺类药物进行治疗。方案如下：

方案一：双黄连注射液（方通雪清）＋氨苄西林钠粉针（流链丹独康 A＋B）配合 10％盐酸多西环素注射液（方通独链剔），肌内注射，每天 1～2 次，连用 2～3 天。

方案二：盐酸沙拉沙星注射液（方通镇坡宁）配合盐酸头孢噻呋注射液（方通倍健）、或普鲁卡因青霉素注射液（方通精长），肌内注射，每天 1 次，连用 2～3 天。

方案三：氟尼辛葡甲胺注射液（方通速解宁）直接稀释氨苄西林钠粉针（方通泰宁），肌内注射，每天 1 次，连用 2～3 天。

方案四：复方磺胺嘧啶钠注射液（方通立克）配合盐酸沙拉沙星注射液（方通均独多太）和呋塞米注射液（方通速尿），肌内注射，每天 1 次，连续 2～3 天。（此法对脑炎型链球菌效果显著）

同时，全群猪饲喂七清败毒颗粒（方通奇独康颗粒）或板青颗粒、复方磺胺间甲氧嘧啶钠预混剂（方通炎磺散）和盐酸多西环素可溶性粉（方通独链剔散），饮水中添加复合 B 族维生素可溶性粉（方通氨唯多）或维生素 C 粉，效果更好。

第九节　猪 丹 毒

猪丹毒是由猪丹毒杆菌引起的猪的一种急性人畜共患传染病。其临床特征是：急性型呈败血症变化；亚急性型在皮肤上出现紫红色疹块；慢性型表现为关节炎、皮肤坏死和疣性心内膜炎。本病主要侵害架子猪。

［诊断要点］

一年四季均可发生，炎热多雨季节多发。主要经消化道、损伤的皮肤和吸血昆虫传播。

1. 急性败血症型

精神不振、体温42～43℃，突然爆发，死亡率高。不食、呕吐、结膜充血、粪便干硬且附有黏液，小猪后期下痢。耳、颈、背皮肤潮红、发紫。临死前腋下、股内、腹内有不规则鲜红色斑块，指压褪色后而融合在一起，常于3～4天后死亡。尸体剖检时的主要病理变化：

(1) 猪肠黏膜发生炎性水肿，胃底、幽门部尤为严重，小肠、十二指肠、回肠黏膜上有小出血点。

(2) 体表皮肤出现红斑，淋巴结肿大、充血、出血。

(3) 脾肿大呈樱桃红色或紫红色，俗称"樱桃脾"，质松软，包膜紧张，切面外翻，脾小梁和滤泡的结构模糊。

(4) 肾脏充血，发红，肿大，俗称"大红肾"，表面、切面可见针尖状出血点，心包积液。

(5) 肺充血、出血、肿大。

2. 亚急性型（疹块型）（见附录图十）

病较轻，1～2天在身体不同部位，尤其胸侧、背部、颈部至全身出现界限明显，圆形、四边形、有热感的疹块，俗称"打火印"，初期指压退色，后期指压不退色。疹块突出皮肤2～3毫米，大小约1至数厘米，从几个到几十个不等，干枯后形成棕色痂皮。口渴、便秘、呕吐、体温高，一般不死亡，也有不少病猪在发病过程中，病情恶化而转变为败血型而死亡。病程1～2周。病理变化以皮肤疹块为特征性变化。

3. 慢性关节炎和心内膜炎型

由急性型或亚急性型转变而来，也有原发性，常见关节炎。关节肿大、变形、疼痛、跛行、僵直，椰菜样疣状赘生性心内膜炎。

心律不齐、呼吸困难、贫血。病程数周至数月。病理变化为心内膜炎，增生，二尖瓣或三尖瓣上有灰白色菜花赘生物，瓣膜变厚。

［综合防制措施］

（1）加强饲养管理和对农贸市场、屠宰厂、交通运输的检疫工作：对购入的新猪隔离观察 21 天，对圈舍、用具定期消毒。发生疫情时，及时进行隔离、治疗和消毒。对病猪分圈饲养，用戊二醛癸甲溴铵溶液（方通无迪）对场地、圈舍及周围环境进行严格消毒。

（2）免疫接种：种公猪、种母猪每年春秋进行两次猪丹毒弱毒苗、猪丹毒和猪肺疫二联弱毒苗免疫，育肥猪 60 日龄时进行一次免疫即可。

［用药方案］

方案一：双黄连注射液（方通雪清）＋氨苄西林钠粉针（流链丹独康 A＋B）配合维生素 C 注射液，肌内注射，每天 1 次，连用 3 天。

方案二：复方磺胺间甲氧嘧啶钠注射液（方通重正）配合盐酸沙拉沙星注射液（方通镇坡宁），病重时再配合头孢氨苄注射液，分别肌内注射，每天 1 次，连用 3 天。

方案三：方通银黄提取物注射液（方通混杆）稀释青霉素钠粉针（方通特林），肌内注射，每天 1 次，连用 3 天。

以上方案再配合维生素 C 注射液和地塞米松磷酸钠注射液（方通血热宁）肌内注射，全群饲喂方通板青颗粒和阿莫西林可溶性粉（方通阿莫欣粉），效果更好。

第十节 猪口蹄疫

猪口蹄疫又名“蹄癀病”，是由口蹄疫病毒引起猪、牛、羊等偶蹄动物的一种急性、热性、高度接触性传染病。在临床上以口腔黏膜、蹄部和乳房皮肤发生水疱、烂斑、心肌炎为其特征。

［诊断要点］

1. 流行特点

主要侵害偶蹄兽，以牛最易感、其次是猪和羊，各种年龄的猪均易感。病畜和带毒动物是主要传染源，病毒主要存在于水疱皮和水疱液中，可通过直接接触和间接接触传播，主要由呼吸道、消化道和破损的皮肤黏膜感染。本病流行有明显的季节性，一般多流行于冬季和春季，至夏季自然平息。但近年来在大群饲养的猪舍，夏季和其他季节也有发生的报道。

2. 临床特征

病猪以蹄部水疱为主要特征，病初体温升高至40～41℃，精神不振，食欲废绝或减退，蹄冠、蹄叉、蹄踵等部位出现局部发红、微热、敏感等症状，不久形成小水疱、出血和龟裂或形成黄豆大、蚕豆大的水疱，水疱破裂后形成出血性糜烂和溃疡。蹄部发生水疱时，病猪常因疼痛而运动困难或卧地不起，站立时病肢屈曲以减负体重，若有细菌感染，则引起蹄壳脱落，常卧地不起。部分病猪的口腔黏膜（包括舌、唇、咽、腭）和母猪的乳头皮肤，形成小水疱、烂斑或糜烂。如发生心肌炎时死亡率增加，有的死亡率可达20%～40%。

3. 病理变化

除外观病变外，可见心包内含有较多透明或稍浑浊的心包液。心脏外形正常，但质地柔软，颜色变淡，心内外膜上有出血点。心室中隔及心壁上散在有白色和灰黄色的斑点或条纹状病灶，形似虎斑，故有“虎斑心”之称。

［综合防制措施］

（1）发现疫情立即上报，按照国家规定采取紧急措施，严格封锁疫点，禁止人畜在封锁区内流动。

（2）用口蹄疫 A 型、O 型、亚洲一型二价苗或三价苗进行免疫，免疫程序视疫苗的来源不同而不同，商品疫苗一般免疫 1～2 次即可，发病后应用疫苗进行紧急预防接种，尽快建立免疫带。

（3）严格消毒，粪便发酵处理；畜舍、场地、用具用戊二醛癸甲溴铵溶液（方通消可灭）或聚维酮碘溶液（方通典净）喷洒消毒。

［用药方案］

一旦确诊为口蹄疫后，不得医治。以下方案主要针对疑似病例，控制继发感染，降低健康猪群的发病率和病死率。

方案一：四季青注射液（方通独特）直接稀释阿莫西林钠粉针（方通口蓝圆毒慷 A＋B），再配合樟脑磺酸钠注射液（低温心肺康），分别肌内注射，每天 1～2 次，连用 2～3 天。

方案二：黄芪多糖注射液（方通口通智）直接稀释氨苄西林钠粉针（方通五独康），肌内注射，每天 1 次，连用 2～3 天。

方案三：盐酸沙拉沙星注射液（方通炎热克）配合普鲁卡因青霉素注射液（方通双抗）肌内注射，每天 1 次，连用 2～3 天。

在使用以上方案之一的同时，喂服七清败毒颗粒（方通奇独康颗粒）和氟尼辛葡甲胺颗粒（方通热迪颗粒），局部溃烂部位用碘甘油（方通喷点康）清洗，然后用普鲁卡因青霉素注射液（方通精长）涂抹糜烂患处，效果更好。

第十一节 猪巴氏杆菌病

猪巴氏杆菌病又称猪肺疫、大红颈、锁喉风，是由多杀性巴氏杆菌引起猪的一种急性热性败血性传染病，临床上最急性型表现为败血症，咽喉及其周围组织急性炎性肿胀，高度呼吸困难；急性型表现为纤维素性肺炎，肺、胸膜的纤维蛋白渗出和粘连；慢性型症状不明显，逐渐消瘦，有时伴发关节炎。本病常与猪瘟、猪气喘病等混合感染。

［诊断要点］

1. 流行特点

本病无明显的季节性，但以冷热交替、气候剧变、潮湿、闷热、多雨时期多发，如春末及夏季。饲养管理不良、营养差、寄生虫病、长途运输等诱因可促进本病的发生。常为散发，有时可呈地方性流行。

2. 临床特征

本病潜伏期为1～3天，有时可达5～12天。

（1）最急性型：常突然发病，迅速死亡。通常前一天晚上食欲还正常，但第二天早上却死在圈内。病程稍长者，体温升高到41℃以上，呼吸极度困难，食欲废绝，可视黏膜呈蓝紫色，颈下咽喉皮肤红肿，俗称“大红颈”。口鼻流出泡沫样分泌物，呈犬坐姿势。后期腹侧、耳根和四肢内侧皮肤变成蓝紫色，有时见出血斑点，很快窒息死亡。病理剖检以败血症变化为特征。剖检见皮肤、皮下组织、各浆膜和黏膜有大量出血点。最突出特点为咽喉部及周围组织呈出血性浆液性炎症，切开颈部皮肤，可见大量胶冻样淡黄色水肿液。全身淋巴结肿大、出血、切面呈红色，以咽喉淋巴结最为明显。肺脏充血、出血、水肿，呈鲜红色。

（2）急性型：以纤维素性胸膜肺炎为特征，败血症症状较轻。病初体温升高至41～42℃，干咳，有鼻液和脓性眼屎，先便秘后腹泻。后期皮肤有紫斑，但颈部红肿通常表现不明显。剖检以纤维素性肺炎病变为特征。典型病变为纤维素性肺炎，肺脏充血、出血、水肿，表面有大量红褐色斑块，肝样实变，中央常有干酪样坏死灶；肺小叶间质增宽，充满胶冻样液体，肺脏切面呈现大理石样花纹，胸膜腔常出现浆液纤维素性炎症，胸腔内积有纤维蛋白凝块的浑浊液体。肺炎区的胸膜上附有黄白色纤维素薄膜，与胸膜发生粘连。

（3）慢性型：常见于流行后期，以慢性肺炎或慢性胃肠炎为特征。病程较长，一般为2周以上。病猪持续性咳嗽，呼吸困难，体温时高时低，精神不振，食欲减退，逐渐消瘦，有时关节肿胀，皮肤发生湿疹，最后发生腹泻。病猪常因脱水、酸中毒和电解质紊乱而死亡。剖检以增生性炎症为特征，形成肺胸膜粘连和坏死物的包裹，病猪高度消瘦，黏膜苍白，肺组织大部分肝变，有大块坏死灶或化脓灶，肺胸膜出血、坏死，并常因结缔组织增生而发生粘连。

［综合防制措施］

（1）每年3、4月用猪肺疫弱毒苗或丹毒猪肺疫二联苗进行预防注射。

（2）发病后，隔离病猪，及时用抗生素及磺胺类药物治疗。

（3）在非疫区，搞好猪场卫生、消毒和饲养管理等，可免受多杀性巴氏杆菌感染而致病。

［用药方案］

方案一：四季青注射液（方通独特）直接稀释头孢噻呋钠粉针（方通雪独精典A+B），再配合氟苯尼考注射液（方通重正克传），分别肌内注射，每天1～2次，连用3天。

方案二：氟苯尼考注射液（方通红皮烂肺康）配合盐酸多西环素注射液（方通独链剔），深部肌内注射，每天1次，连用3天。

同时，全群用清肺颗粒或清肺止咳散（方通克传散）、氟苯尼考粉（方通氟强散）和复合B族维生素可溶性粉（方通氨唯多）拌料或饮水。

第十二节　副猪嗜血杆菌病

副猪嗜血杆菌病是由副猪嗜血杆菌引起的猪的多发性浆膜炎和

关节炎的细菌性传染病。在临床和病理学上，以多发性浆膜炎为特征，即多发性关节炎、胸膜炎、心包炎、腹膜炎、脑膜炎和伴发肺炎为特征。主要引起肺的浆膜、心包以及腹腔浆膜和四肢关节的浆膜出现纤维性炎症为特征的呼吸道综合征。

［诊断要点］

1. 流行特点

本病以 30～60kg 的猪感染性最强，成年猪多呈隐性感染或仅见轻微症状。病猪、康复猪和隐性感染猪为主要传染源，主要的传播途径为呼吸道和消化道。本病四季均可发生，但以早春和深秋天气变化比较大的时节发生较多，还常与猪瘟、猪流感、蓝耳病、圆环病毒病等呼吸道及胃肠道疾病混合或继发感染。

2. 临床特征

病猪体温高达 40.5～42℃，精神沉郁，畏寒，打堆，昏睡不醒；呼吸急促，呈腹式呼吸；体表皮肤发红，严重者为酱红色，后期皮肤逐渐苍白，发青变紫；被毛粗乱，耳朵发绀，全身淋巴结肿大，尤以腹股沟淋巴结突出；眼睑水肿，鼻流脓液，不愿站立，一侧或两侧性跛行，腕关节、跗关节肿大（见附录图十一），共济失调，死前呈划水样运动。

3. 病理变化

特征性病变为全身性浆膜炎，即见有浆液性纤维素性胸膜炎、心包炎、腹膜炎、脑膜炎和关节炎，其中以心包炎和胸膜肺炎的发生率最高。可见纤维素性胸膜炎，胸腔内有大量的淡红色液体及纤维素性渗出物凝块；肺炎，肺表面覆盖大量的纤维素渗出物并与胸壁粘连，多数为间质性肺炎，肺水肿；腹膜炎，常表现为化脓性或纤维素性腹膜炎，腹腔积液或与内脏器官粘连；心包炎，心包积液，心包内常有奶酪样甚至豆腐渣样渗出物，使外膜与心脏粘连在一起，形成“绒毛心”，心肌有出血点（见附录图十二）；全身淋巴结肿大；关节肿大，关节周围组织发炎和水肿，关节液增多、浑浊，内含黄绿色纤维素性化脓性渗出物。

［综合防制措施］

1. 全面消毒

猪舍、场地及用具等用稀戊二醛溶液（方通全佳洁）或聚维酮碘消毒液（如方通典净）全面彻底消毒，特别要注意猪舍空气与环境的消毒，每周2～3次，食槽、水槽等用具用4%～5%烧碱水洗刷，然后再用清水冲洗。

2. 加强饲养管理

对全群猪用复合B族维生素可溶性粉（方通氨唯多）和维生素C可溶性粉饮水6天，以增强抵抗力，减少应激反应，同时给予青绿多汁饲料。

3. 免疫接种

由于副猪嗜血杆菌血清型众多，常用多价灭活苗或自家灭活苗进行免疫，具有一定的效果。

4. 隔离猪群

为避免传染，将病猪和未出现症状的猪全部分开，隔离饲养。全群用方通板青颗粒配合盐酸多西环素可溶性粉（方通独链剔粉）拌料或兑水饮用，连用5～7天，间隔15天后重复用药1次。

［用药方案］

方案一：四季青注射液直接稀释头孢噻呋钠粉针（方通雪独精典A+B），再配合氟苯尼考注射液（方通红皮烂肺康）分别肌内注射，每天1次，连用2～3天。

方案二：氟尼辛葡甲胺注射液（方通速解宁）稀释头孢噻呋钠粉针，另一侧肌内注射泰乐菌素注射液（必洛星-200），每天1次，连用2～3天。

方案三：硫酸卡那霉素注射液（方通必洛克）直接稀释酒石酸泰乐菌素粉针（方通泰克），另一侧肌内注射氟苯尼考注射液（方通红皮烂肺康），每天1次，连用2～3天。

全群口服七清败毒颗粒（方通奇独康颗粒）、阿莫西林可溶性粉（方通阿莫欣粉）。若遇后期重症，需配合静脉滴注葡萄糖、ATP、维生素C注射液和维生素 B_1 注射液（方通长维舒），效果更好。

第十三节　猪支原体肺炎（猪气喘病）

猪气喘病是由猪肺炎支原体引起猪的一种高度接触性、急性或慢性传染病，又称猪地方性肺炎或称猪传染性肺炎、猪支原体性肺炎。主要表现为咳嗽、气喘；病理学特点为融合性支气管肺炎和肺气肿，肺心叶、尖叶、膈叶有对称性的虾肉样病变，同时肺门淋巴结显著肿大，患病猪长期生长发育不良。

［诊断要点］

1. 流行特点

本病自然感染仅见于猪，各种年龄、品系、性别的猪均有易感性，但哺乳仔猪和本地猪最易发病，其次为妊娠后期和哺乳母猪；成年猪多呈隐性感染。病猪和隐性感染猪是本病的主要传染源。本病有一定的季节性，以冬春季节多见，尤其是当气候骤变、阴湿寒冷、饲养管理和卫生条件不良均能促使本病的流行。

2. 临床症状

潜伏期一般为10～16天，最短3～5天，最长可达1个月以上。

（1）急性型：主要见于新疫区和新感染的猪群，仔猪和小猪多见。病初精神不振，头下垂，站立一隅或趴伏在地（见附录图十三），呼吸次数剧增，每分钟60～120次。呼吸困难，严重者张口喘气，发出哮鸣声，似拉风箱，有明显腹式呼吸，一般咳嗽次数少而低沉，有时也有阵发性咳嗽。体温一般正常，如有继发感染体温可上升至40℃以上，病程一般1～2周，病死率较高，一个猪群急性流行常可持续3个月，然后转为慢性。

（2）慢性型：由急性转为慢性。老疫区的病猪开始时呈慢性经过，常见于架子猪、育肥猪和后备母猪。主要症状咳嗽，清晨、晚间、运动后及赶猪喂食时，咳嗽最明显，咳嗽时站立不动，背拱，颈伸直，头下垂，用力咳嗽多次，严重时呈连续的痉挛性咳嗽。呼吸不同程度困难，次数增加呈腹式呼吸，食欲减退，体温一般不正常，毛乱，消瘦。病猪可能咳嗽1～2周或无限地咳嗽，如康复后，经过一段时间又发作，或第二次暴发。病程长，可达2～3个月，甚至半年。

3. 病理变化

肺的心叶、尖叶、中间叶呈淡灰红色或灰红色、半透明，像新鲜的肌肉，病程长或病重时病变部呈淡紫色、深紫色或灰白色、灰黄色，半透明减轻而坚韧度增加，俗称“胰变”或“虾肉样变”。肺门和纵隔淋巴结显著肿大，有时边缘轻度充血，肺有不同程度水肿和气肿。

［综合防制措施］

在未发生本病的地区，应自繁自养，不要引进疫区的猪，在引进猪时，应先隔离检查3个月，有条件用X线透视2～3次，证明确无本病时才能混群饲养。加强饲养管理，做好兽医卫生工作。在疫区以健康母猪培育后代，仔猪按窝隔离，防止串栏，育肥猪、架子猪和断奶小猪应分舍饲养，利用各种检疫方法清除病猪和可疑病猪，建立扩大健康猪群。用猪气喘病弱毒苗或灭活苗对疫区猪进行免疫，弱毒苗需要肺内注射，灭活苗一般在仔猪15～20日龄首免，严重的地区间隔1个月左右进行二免。

［用药方案］

方案一：硫酸卡那霉素注射液（方通必洛克）稀释酒石酸泰乐

菌素粉针（方通泰克），肌内注射，每天1次，连用3天。

方案二：泰乐菌素注射液（必洛星-200）配合盐酸沙拉沙星注射液（方通热迪）或氟尼辛葡甲胺注射液（方通速解宁），肌内注射，每天1次，连用3天。

方案三：20%土霉素注射液（方通附血康）配合氟苯尼考注射液（方通红皮烂肺康），肌内注射，每天1次，连用3天。

全群饲喂清肺止咳散（方通克传）或清肺颗粒、替米考星预混剂（方通乎揣通散）或氟苯尼考粉（方通氟强散）5～7天，效果更佳。

第十四节　附红细胞体病

附红细胞体病是由附红细胞体所致的人畜共患性传染病，临床上以发热、黄疸和贫血为特征。

［诊断要点］

1. 流行特点

本病不同年龄和品种的猪均易感，但以仔猪的发病率和病死率最高。本病多发生于夏季或雨水较多的季节，传播途径可能与吸血昆虫有关，注射针头、手术器械、交配也可能导致本病的流行。本病为条件因素疾病，如饲养管理不良、气候恶劣、有其他疾病等应激因素均可使隐性感染的猪发病甚至造成流行。

2. 临床症状

猪感染附红细胞体病在临床上分为3种类型：

（1）急性型：病程1～3天，体温40～41℃，多表现突然发病死亡，死后口鼻流血，全身发紫，指压褪色。有的患猪突然瘫痪，肌肉颤抖、四肢抽搐，死亡时呈急性溶血性贫血，口内出血，肛门排血。

（2）亚急性型：病程3～7天，体温39～41℃，病初精神沉郁，食欲减退，全身肌肉颤抖，转圈或不愿站立，离群卧地，出现便秘，耳朵、四肢先开始发红，后逐渐弥漫全身，俗称“红皮猪”。有的仔猪皮肤有渗出性黏液（用手触摸发黏），毛孔出血性倾向；有的病猪耳部皮肤变干坏死；有的病猪发生丘疹性皮炎；有的病猪两后肢麻痹，不能站立，卧地不起；有的病猪流涎，呼吸困难，干咳，眼结膜发炎，大多出现呼吸窘迫综合征引起死亡。

（3）慢性型：病程较长，个别长达1～2个月，最后衰竭死亡。体温39.5℃左右，病猪食欲减少或废绝，粪便郁结呈棕红色或带黏液性血液；两后肢抬举困难，站立不稳，精神不振，全身颤抖，声音嘶哑，不愿走动，挤在一起；呼吸困难，咳嗽，心跳加快，可视黏膜初期潮红，后期苍白，轻度黄疸，两眼或一侧眼流泪，有褐黄色泪斑。耳尖变干，边缘向上卷起，两耳发绀，严重者耳朵干枯坏死脱落，全身大部分皮肤呈红紫色，四肢蹄冠部青紫色，指压不褪色，有时出现麻疹或病斑型皮肤变态反应（即皮肤有大量痕斑）。其生长发育缓慢，或因机体抵抗力下降继发其他疾病而致死或成僵猪。

肥育猪急性型主要表现体温升高、厌食、贫血或黄染、皮肤发紫，病猪逐渐消瘦；慢性型主要表现生长缓慢，出栏延迟。

母猪的症状通常在进产房后3～4天或产后表现出来，症状分为急性和慢性两种情况。急性感染的症状有厌食、发热（40～41.7℃），厌食可长达1～3天，发热通常发生在分娩前的母猪，持续至分娩后；有时母猪也会有乳房及阴部水肿的症状出现，但妊娠后期容易出现流产或死胎增多，产后母猪容易发生乳房炎和泌乳障碍综合征。慢性感染母猪体质衰弱、黏膜苍白、黄疸、不发情或延迟发情、屡配不孕等。如发生营养不良或混合感染其他疾病，可使症状复杂化，严重时可发生死亡。亚临床感染和带虫状态可保持相当长的时间，受到应激因素刺激后可促使本病的复发。

种公猪急性型主要表现食欲废绝、体温升高（40.8～42℃）、精神委顿、贫血；慢性型主要表现消瘦，性欲减退，精子活力降低。

3. 病理变化

本病解剖症状为全身脂肪显著黄染（见附录图十四）。血液稀薄如水、色淡、凝固不良。在腹部、胸、气管两侧皮下结缔组织呈胶冻样水肿，腹腔、胸腔有大量淡黄色积水，肺、气管水肿。肝肿大呈土黄色或棕黄色，质脆，并有出血点或坏死点，有的表面凹凸不平，有黄色条纹坏死区。胆囊肿大，内充满绿色黏稠胆汁。胸前、腹股沟、肠系膜淋巴结水肿，切面多汁，呈淡灰褐色，颌下淋巴结灰白色。心脏苍白较软，心房有散在出血点，心包有淡红色液体。脾肿大，质软脆，表面有暗红色出血点，有的萎缩，灰白色，边缘不整齐，肾肿大，浑浊，贫血严重，肾盂黄色胶冻样，膀胱有出血点。

[综合防制措施]

加强猪场卫生措施，避免圈舍潮湿、采光差、通风不良等因素。在免疫及治疗时应一猪一针头，对所用器械严格消毒。杜绝不良应激因素，加强种猪管理，对阳性猪及时淘汰。该病隐性感染率高，养殖场（户）对猪进出严格检查、检验。驱除蜱、虱、蚤等吸血昆虫，隔离节肢动物与猪群接触。在治疗时以杀灭虫体为主，对重症者采取对症疗法。

[用药方案]

方案一：盐酸多西环素注射液（方通独链剔）配合复方磺胺间甲氧嘧啶钠注射液（方通金顶），肌内注射，每天 1～2 次，连用 2～3 天。

方案二：盐酸沙拉沙星注射液（方通均独镇坡宁）配合盐酸吖啶黄注射液（方通雪从亡），分别肌内注射，每天 1 次，连用 3 天。

方案三：硫酸庆大-小诺霉素注射液（方通王或方通重杆宁）稀释三氮脒粉针（方通附雪松），深部肌内注射，每天用药 1 次，连用 2～4 次。另一侧肌内注射土霉素注射液（方通附血康），每天 1 次，连用 3 天。

方案四：四季青注射液稀释盐酸土霉素粉针（方通均独百并王），每天 1 次，连用 3 天。

全群饲喂盐酸多西环素可溶性粉（方通独链剔粉）、复合 B 族维生素可溶性粉（方通氨唯多）和二氢吡啶预混剂（方通优生太），连用 7 天。

第十五节　猪传染性胸膜肺炎

猪传染性胸膜肺炎又称猪胸膜肺炎，是由胸膜肺炎放线杆菌引起猪的一种接触性呼吸系统传染病。本病以急性出血性纤维素性胸膜肺炎和慢性纤维素性坏死性胸膜肺炎为特征。

［诊断要点］

1. 流行特点

各种年龄的猪均易感，以断奶后 6 周至 6 月龄猪多发。病猪和带菌猪是本病的传染源，通过直接接触而经呼吸道传播。具有明显的季节性，多在 4～5 月和 9～11 月发生。本病的发生与饲养方式有关，饲养环境的突然改变、密集饲养、通风不良、气候突变和长途运输等因素可明显地影响发病率及死亡率。

2. 临床特征

猪感染本病后，根据不同程度分为最急性型、急性型、亚急性型和慢性型。

（1）最急性型：猪突然发病，前期体温升高至 41.5℃以上，精神沉郁，不食，短时间的轻度腹泻和呕吐，无明显呼吸症状。后期呼吸困难，常呈犬坐姿势，张口伸舌，从口鼻流出泡沫样淡血色的分泌物，心跳加快，而口、鼻、耳、四肢皮肤呈暗紫色，往往于 2 天内死亡，个别幼猪死前见不到症状，病死率高达 80％～100％。

病理剖检主要以纤维素性肺炎和胸膜炎变化为特征。可见患猪流血色鼻液，气管和支气管充满泡沫样血色黏液性分泌物。肺炎病变发生于肺的前下部，在肺后上部靠近肺门常出现边界清晰的出血性实变区或坏死区。

（2）急性型：患猪体温升高至40.5～41℃，拒食，呼吸困难，咳嗽，心衰，病程长短不定。病理剖检主要以两侧性肺炎为特征。常发生于心叶、尖叶和膈叶的一部分，病灶区呈紫红色，坚实，轮廓清晰，间质积留血色胶样液体，纤维素性胸膜肺炎明显。

（3）亚急性和慢性型：病猪多由急性型转变而来，症状轻微，低热或不发热，不自觉的咳嗽或食欲减退或生长迟缓，异常呼吸，经过几天乃至1周，或治愈或症状进一步恶化。

[综合防制措施]

（1）防止由外引入慢性、隐性猪和带菌猪，一旦传入健康猪群，难以清除。如必须引种，应隔离并进行血清学检查，确为阴性猪方可引入。

（2）感染猪群，可用血清学方法检查，清除隐性和带菌猪，重建健康猪群；也可用药物防治和淘汰病猪的方法，逐渐净化猪群。

（3）药物防治要早期及时，当耐药菌株出现时，要及时更换药物或联合治疗。

（4）针对本场情况，可选用接触性传染性胸膜肺炎油佐剂灭活苗进行预防注射，但血清型较多，应用多价苗、自家苗或本猪场血清型适应的疫苗，疫苗在使用时可能有应激反应，发病时最好不要做紧急预防注射。否则，可能会促使本病的发生。

[用药方案]

方案一：硫酸卡那霉素注射液（方通必洛克）直接稀释酒石酸泰乐菌素粉针（方通泰克），另一侧肌注氟苯尼考注射液（方通红皮烂肺康），每天1～2次，连用2～3天。

方案二：氟尼辛葡甲胺注射液（方通速解宁）或金芩芍注射液（方通诸乐）稀释头孢噻呋钠粉针，另一侧肌内注射泰乐菌素注射液（必洛星-200），每天1～2次，连用2～3天。

方案三：四季青注射液直接稀释头孢噻呋钠粉针（方通雪独精典A+B），再配合氟苯尼考注射液（方通红皮烂肺康），分别肌内射注，每天1次，连用2～3天。

全群饲喂七清败毒颗粒（方通奇独康颗粒）、氟苯尼考粉（方通氟强散）和延胡索酸泰妙菌素预混剂（方通必洛星散）5～7天，效果更佳。

第十六节　弓形虫病

弓形虫病是一种由有核细胞寄生原虫引起的人畜共患的原虫病。猪暴发本病时，常可引起整个猪群发病，病死率高达80%以上。

［诊断要点］

1. 流行特点

猪弓形虫病可发生于各种年龄的猪，但常见于仔猪和架子猪，成年猪较少发病。感染弓形虫的猫是本病的主要传染源，病原体通过消化道、呼吸道和破损的皮肤侵入猪体而使其发病。本病多发生于夏秋季节，特别是雨后较为多发，可呈爆发性和散发性急性感染，但多数为隐性感染。猪的营养不良、寒冷潮湿、内分泌失调、怀孕和泌乳等使猪抵抗力降低的因素都能促进本病的发生。

2. 临床症状

病猪体温高达40.5～42℃，稽留热，持续7～10天或更长，食欲减少，精神沉郁；粪便干固，呈暗红色或煤焦油样；有时下痢（乳猪、断奶不久的仔猪排水样粪便，无恶臭）；呼吸困难，常呈犬坐式的腹式呼吸。可视黏膜发绀，在耳部、胸部、腹部及四肢内侧可见紫红瘀斑，界限分明。孕猪往往发生流产或死胎。有的病猪耐过后，症状逐渐减轻，遗留咳嗽、呼吸困难及后躯麻痹、运动障碍、斜颈、癫痫样痉挛等神经症状。有的耳廓末端瘀血、出血，或发生干性坏疽，有的呈现视网膜脉络膜炎，甚至失明。

3. 病理变化

（1）剖检以肺和淋巴结变化最为明显，胃肠道、肝脏、脾脏和肾脏等器官也有特征性变化。肺脏肿大，呈暗红色或粉红色水肿样，表面弥散性点状出血，小叶间质增宽，有散在灰白色粟粒大的坏死灶；切面湿润，有多量含泡沫的淡粉红色液体。

（2）全身淋巴结急性肿胀，切面湿润多汁，呈暗红色瘀血和点状出血，病情严重者有灰白色粟粒状坏死灶；肠系膜淋巴结肿大如板栗，密集成串，坚硬，被膜和周围结缔组织常有黄色胶样浸润，切面充血、水肿和斑点状出血。

（3）肝脏肿大呈暗红色，表面有灰白色粟粒状坏死灶，病灶周围有红晕。脾脏肿大，被膜下有少量小出血点和散在坏死灶。肾脏表面呈暗红色，表面和切面均可见灰白色小坏死灶。胸腹腔有黄色透明积液，也有的呈混浊状。

（4）胃有出血点和出血斑及溃疡，肠黏膜肥厚、潮红、糜烂和溃疡，空肠、结肠有点状、斑状出血，盲肠、结肠见小指大和中心凹陷的溃疡。

临床上该病不易与猪伪狂犬病、猪瘟区别，应特别注意。

［综合防制措施］

（1）做好猪舍清洁卫生，定期消毒，不要养猫，注意灭鼠。防止与野生动物接触，阻断猪粪等排泄物对畜舍、饲料、饮水的污染。

（2）流产胎儿及其一切排出物，包括流产现场必须处置，对死于本病的和可疑病尸严格处理，防止污染环境。

（3）对曾发病的猪场，在夏季时注意观察猪的食欲、体温、粪便，如有异常立即检查。如发现病猪应隔离治疗，治愈的病猪不宜做种用，并对猪群定期做血清学检查，有计划地进行淘汰。在治疗药物方面，以磺胺类药物的效果最好。

［用药方案］

方案一：复方磺胺间甲氧嘧啶钠注射液（方通金顶）或磺胺噻唑钠注射液（方通晶珍）配合氟苯尼考注射液（方通克传金针），分别肌内注射，每天1次，连用2～3天。

方案二：复方磺胺间甲氧嘧啶钠注射液（方通精典）配合盐酸多西环素注射液（方通独链剔），分别肌内注射，每天1次，连用2～3天。

全群用复方磺胺间甲氧嘧啶钠预混剂（方通炎磺粉）和盐酸多西环素可溶性粉（方通独链剔粉）饲喂5～7天。

第十七节　猪传染性萎缩性鼻炎

猪传染性萎缩性鼻炎是由支气管败血波氏杆菌和多杀性巴氏杆菌引起猪的一种慢性呼吸道传染病，临床上以鼻甲骨（特别是下卷曲）萎缩，额面部变形，慢性鼻炎为特征。主要表现为打喷嚏、鼻塞、颜面部变形或歪斜。

［诊断要点］

多见于6～8周龄仔猪，1周龄少见。表现鼻炎，打喷嚏、流鼻涕和吸气困难，有浆液性鼻液、黏液性分泌物。表现摇头不安，鼻痒拱地，前肢抓鼻、奔跑。病情逐渐加重，持续3周以上，鼻甲骨开始萎缩，仍打喷嚏，流浆液性、脓性鼻液，气喘，吸气时鼻孔开张，发出鼾声。严重时张口呼吸，因用力喷嚏致鼻黏膜破坏而流鼻血，喷在墙上等处。由于鼻泪管阻塞，泪液增多，由于眼泪和灰尘在眼内眦部形成半月状条纹的“泪斑”。

发病后 3～4 周鼻甲骨开始萎缩，致使鼻腔和面部变形，是该病的特征性症状。两侧鼻甲骨病损相同时，外观呈鼻短缩，若一侧鼻甲骨萎缩严重，则使鼻弯向另一侧。体温一般正常，病猪生长停滞，成为僵猪。

病理变化为鼻腔的软骨和骨组织软化和萎缩，主要是鼻甲骨萎缩，鼻甲骨的下卷曲变小而钝直最常见，使鼻腔变成一个鼻道，鼻中隔弯曲。鼻黏膜常有脓性或干酪样分泌物，随病程长短和继发性感染的性质而异。

[综合防制措施]

改善饲养管理，乳猪、保育猪和育肥猪等均采用全进全出管理，保持猪舍环境卫生，通风良好、温暖、严格执行卫生防疫制度。从无本病的地区、猪场引进猪，对新引入猪必须隔离检疫。

对有病的猪场，应严格检疫，淘汰病猪和可疑猪，对与病猪及可疑猪有接触的应隔离饲养，观察 3～6 个月，完全没有可疑症状时，才认定为健康。对猪舍用聚维酮碘消毒液（方通典净）定期消毒。

常发区用支气管败血波氏杆菌和溶血性巴氏杆菌二联油乳剂灭活苗对产前 25～40 天的母猪于颈部皮下注射 2mL，4～8 周龄仔猪注射 0.5mL。

[用药方案]

方案一：头孢氨苄注射液配合氟苯尼考注射液（方通重正克传），肌内注射，每天 2 次，连用 3～5 天，同时用头孢氨苄注射液滴鼻。

方案二：硫酸卡那霉素注射液（方通必洛克）直接稀释酒石酸泰乐菌素粉针（方通泰克），肌内注射，每天 1～2 次，连用 3～5 天。同时用普鲁卡因青霉素注射液（方通双抗）滴鼻。

全群用清肺颗粒、氟苯尼考粉（方通氟强散）和复方磺胺间甲氧嘧啶钠预混剂（方通炎磺散）拌料或兑水饮用7天。

第十八节　猪流行性腹泻

本病又称流行性病毒性腹泻，是由猪流行性腹泻病毒引起猪的一种胃肠道传染病，临床上以呕吐、腹泻和脱水为特征。主要发生于冬季，大小猪均可感染，1周龄仔猪死亡率可达100%，以后随日龄增加而死亡率逐渐减少。

［诊断要点］

1. 流行特点

不同年龄、品种和性别的猪均易感，哺乳猪、保育猪和育肥猪发病率高，尤以哺乳仔猪受害最为严重，母猪发病率变动很大，为15%～90%。病猪和带毒猪是主要传染源，病毒经消化道和呼吸道感染给易感猪。本病一年四季均可发生，但主要发生于冬季，特别是冬季多发，传播迅速，数日内可波及全群，近几年本病发生较多，毒株易出现变异，仔猪死亡率高，引起严重的经济损失。

2. 临床特征

初期病猪的体温稍升高或正常，精神沉郁，食欲减退，继而排水样粪便，呈灰黄色或灰色，吃食或吮乳后部分猪发生呕吐。日龄越小症状越严重，一周龄以内的仔猪常于腹泻后2～4天因脱水死亡，病死率100%；若猪出生后立即感染本病，死亡率更高。断奶猪、育肥猪及母猪持续腹泻4～7天，逐渐恢复正常，成年猪仅发生呕吐和厌食。

3. 病理变化

胃内有黄白色凝乳块，小肠扩张，肠内充满黄色液体、肠壁菲薄呈透明状、肠绒毛萎缩。胃壁瘀血呈暗红色，附有较多凝乳块。肠系膜充血，肠系膜淋巴结肿胀，呈浆液性淋巴结炎。

[综合防制措施]

本病应用抗生素治疗无效。主要采取综合性防治措施，加强对猪的饲养管理，提高猪的抵抗力。搞好猪舍的清洁卫生和消毒，经常清除粪便，禁止从疫区引进仔猪。在10月、11月可用猪流行性腹泻和传染性胃肠炎二联弱毒疫苗或二联灭活疫苗进行免疫接种。一旦发生本病，及时隔离，猪舍、用具用戊二醛癸甲溴铵溶液（方通消可灭）、聚维酮碘消毒液（方通典净）消毒，病猪在隔离条件下治疗。

[用药方案]

下列方案有控制继发感染、提高免疫力的作用。

方案一：黄芪多糖注射液（方通抗毒）配合金根注射液，交巢穴注射，同时用金根注射液1～3mL灌服，每天2次，连用2～3天。

方案二：金根注射液直接稀释头孢噻呋钠粉针（方通利肿炎独宁A+B），肌内或交巢穴注射，每天2次，连用2～3天。

同时，口服四黄止痢颗粒（方通独厉止颗粒）、硫酸黏菌素预混剂（方通巧克痢散）和口服补液盐5～7天。

第十九节　猪传染性胃肠炎

猪传染性胃肠炎是由猪传染性胃肠炎病毒引起猪的一种高度接触性传染性胃肠道疾病，以腹泻、呕吐、脱水为特征。各种年龄都可发生，10日龄以内的仔猪病死率很高，可达100%，成年猪基本没有死亡的。

[诊断要点]

1. 流行特点

本病只感染猪，各种年龄段的猪均易感。10日龄以内的乳猪发病率和病死率均很高，断奶猪、育肥猪和成年猪症状较轻。病猪和带毒猪是主要传染源，病毒由消化道和呼吸道侵害易感猪，多发生于冬季。在新疫区呈流行性发生，1周内可散播给各年龄段的猪群。老疫区呈地方性流行或间歇性流行，发病猪不多，隐性感染率很高。潜伏期因年龄而有差别，仔猪一般为12～24h，大猪2～4天，传播迅速，数日可蔓延至全群。

2. 临床特征和病理变化

（1）哺乳猪：日龄越小，病程越短，死亡率越高。先突然呕吐，呕吐多发生于哺乳后，接着剧烈水样腹泻。病猪精神沉郁，消瘦，被毛粗乱无光泽。腹泻物呈乳白色或黄绿色，有未消化的凝乳块，恶臭。末期严重脱水和营养缺乏，病猪极度消瘦和贫血，体重下降，体温降低，恶寒怕冷，常于2～7天后死亡。剖检见病猪严重脱水，可视黏膜苍白或发绀。胃膨满，胃壁菲薄，胃内滞留有未消化的凝乳块和气体。肠腔内有大量泡沫样液体和未消化的凝乳块，肠壁菲薄呈半透明状，肠绒毛膜脱落，肠系膜淋巴结肿胀。

（2）育肥猪：发病率接近100%。突然发生水样腹泻，食欲不振，无力，下痢，粪便呈灰色或茶褐色，含有少量未消化的固体物。在腹泻初期，偶有呕吐。病程约1周，腹泻停止后逐渐康复，少有死亡。

（3）成年猪：感染后一般不发病，部分猪发病后表现为轻度水样腹泻，或一时性软便，对体重无明显影响。

（4）母猪：妊娠母猪无明显变化或有轻微症状。哺乳母猪发病后多表现为高度衰弱，体温升高，泌乳停止，呕吐，食欲不振，严重腹泻，母猪与仔猪常同时发病。

［综合防制措施］

平时注意不从疫区或病猪场引进猪，有条件的饲养户和养殖场应自繁自养，以免传入本病，发生本病应立即隔离病猪，用2%氢氧化钠或戊二醛癸甲溴铵溶液（方通消可灭）对猪舍、场地、用具、车辆和通道等进行严格消毒，限制人员和犬、猫等动物出入。

尚未发病的怀孕母猪、哺乳母猪及其仔猪隔离至安全地方饲养。

本病以对症疗法为主，可以减轻症状和失水、酸中毒，防止并发细菌感染，同时给予易消化食物，用猪传染性胃肠炎-流行性腹泻二联苗预防。

［用药方案］

下列方案仅对控制继发感染、促进尽早康复有一定作用。

方案一：黄芪多糖注射液（方通抗毒）配合金根注射液，交巢穴注射，同时用金根注射液1～3mL灌服，每天2次，连用2～3天。

方案二：金根注射液直接稀释头孢噻呋钠粉针（方通利肿炎独宁A+B），肌内或交巢穴注射，每天2次，连用2～3天。

同时饲喂四黄止痢颗粒（方通独厉止颗粒），硫酸新霉素可溶性粉（方通利炎粉）和口服补液盐5～7天。

第二十节　仔猪红痢

仔猪红痢又叫仔猪梭菌性肠炎、猪传染性坏死性肠炎，是由C型魏氏梭菌引起的仔猪高度致死性肠毒血症，主要发生于7日龄以内的新生仔猪。其特征是排红色稀粪，小肠黏膜出血、坏死；病程短，死亡率高。

［诊断要点］

1. 流行特点

本病主要发生于1周龄以内的仔猪，以1～3日龄仔猪多见，偶可在2～4周龄及断奶仔猪中见到。带菌母猪是本病的主要传染源，主要通过消化道侵害仔猪。

2. 临床特征

本病的病程长短差别很大，症状不尽相同，根据病程和症状的不同将其分为最急性型、急性型、亚急性型和慢性型。

（1）最急性型：发病快，病程短，通常于出生后一天内发病。症状多不明显或排血便，乳猪后躯或全身沾满血样粪便。病猪虚弱，很快变为濒死状态，病猪常于发病的当天或第二天死亡。少数病猪没有下血痢，便昏倒死亡。

（2）急性型：病猪出现较典型的腹泻症状，排含有灰色组织碎片的浅褐色水样粪便，很快脱水和虚脱，病程多为2天，一般于发病后第三天死亡。

（3）亚急性型：病猪食欲减弱，精神沉郁，排黄色软粪，然后病猪持续腹泻，粪便呈淘米水样，含有灰色坏死组织碎片。病猪明显脱水，逐渐消瘦，衰竭，多于5～7天后死亡。

（4）慢性型：病猪呈间歇性或持续性下痢，排灰黄色黏液粪便；病程10天以上，生长缓慢，最后死亡或成为僵猪。

3. 病理变化

病变主要发生在小肠，以空肠最为严重。最急性病例临床上无明显症状而突然死亡，死后从病猪口角流出血水样分泌物；腹部膨满，腹围增大，空肠呈暗红色，肠壁和肠系膜充血、出血，肠腔内充满血样液体，腹腔内有较多的红色腹水；肠系膜淋巴结肿胀，呈鲜红色。急性病例肠黏膜呈黄色或灰色，形成坏死性伪膜；肝脏肿大、黄染，切面出现大量气泡。亚急性病例的肠壁变厚，易碎，坏死性伪膜更为广泛。

［综合防制措施］

本病发病急，病程短，通常来不及治疗。因此，重在预防，治疗应及早。

母猪产仔前1个月和半个月，分别肌注仔猪红痢氢氧化铝佐剂灭活苗1次，同时搞好圈舍的消毒，注意清洁卫生。

［用药方案］

方案一：金根注射液配合乙酰甲喹注射液（方通泄独珍）交巢

穴注射，同时用金根注射液 1～3mL 灌服，每天 2 次，连用 2～3 天。

方案二：金根注射液直接稀释头孢噻呋钠粉针（方通利肿炎独宁 A+B），肌内或交巢穴注射；另一侧肌内注射乙酰甲喹注射液，每天 2 次，连用 2～3 天。

同时饲喂四黄止痢颗粒（方通痢罢颗粒），硫酸新霉素可溶性粉（方通利炎粉）和口服补液盐 5～7 天。

第二十一节　仔猪黄痢、白痢

大肠杆菌是动物肠道内的正常寄居菌，但一些特殊血清型的大肠杆菌对人和动物有致病性，特别是初生幼畜十分易感。仔猪黄痢、白痢是由某些致病性大肠杆菌引起的两种常见传染病。

［诊断要点］

1. 发病特点

出生至断乳仔猪均可发病，但仔猪黄痢多发生于 1 周龄以内的仔猪，而以 1～3 日龄最为多见，7 日龄以上极少发病。发病率高，一窝猪发病率在 90%以上，没有季节性，猪场一次流行后，经久不断。仔猪白痢多发生于 10～30 日龄的仔猪，以 10～20 日龄为最多，发病率 70%～80%，最少 30%～40%。气候不好、阴雨潮湿、冷热不定，卫生条件差，饲料品质不良、母猪饲料突然改变，母猪乳汁太浓、太稀或过多、过少，均能引起本病的发生和流行，病猪和带菌猪是主要传染源。

2. 临床特征和病理变化

（1）仔猪黄痢：多发生于 1～7 日龄，潜伏期最短的 12h 内发病，发病率最高的为 1～3 日龄，初期突然 1～2 头仔猪表现全身衰弱，呈昏迷状态，很快死亡。以后其他仔猪相继发病，排出黄色浆糊样稀粪，内含凝乳小块，有腥臭味，肛门松弛，呈红色，很快消瘦，脱水，皮肤皱缩，眼球下陷，最后昏迷死亡。病理变化为尸体呈脱水状态，干而消瘦，皮下常有水肿，肠道膨胀，有多量黄色液状内容物和气体，肠黏膜呈急性卡他性炎症，肠壁变薄，松弛，充血，出血，以十二指肠最严重，空肠、回肠次之。肠系膜淋巴结有弥漫性点状出血，肝、肾有凝固性坏死灶，有的脑内有软化灶。

（2）仔猪白痢：病猪突然发生腹泻，排出浆状、糊状的粪便，呈乳白色、灰白色或黄白色，有特异的腥臭味，黏腻。腹泻次数不等，病猪拱背，行动缓慢，毛粗糙无光，皮肤也失去光泽，食欲减少，体温 40℃左右，发育迟滞。病程长短不一，短的 2～3 天，长的 1 周左右，能自行康复，死亡的很少。病理变化为体外表不洁、苍白、消瘦，结肠内容物呈浆状、糊状或油膏状，粪便呈乳白色或灰白色，黏腻，常有部分黏液附于黏膜上，而不易完全擦掉，小肠内容物无明显变化，含有气泡；胃内乳汁凝结不全，含有气泡，肠系膜淋巴结轻度肿胀；肝浑浊肿胀，心肌柔软，心冠脂肪胶样萎缩，肾苍白。

［综合防制措施］

（1）预防仔猪黄痢、白痢，常用 K_{88}、K_{99}、K_{987P} 三价基因工程苗，于母猪临产前 1 个月和半个月各进行一次免疫。

（2）加强仔猪和母猪饲养管理，搞好圈舍卫生。仔猪提前补饲，增加胃肠消化功能，注意保暖。

［用药方案］

方案一：仔猪出生第 2 天和第 10 天时各注射右旋糖酐铁注射液（方通利雪宝）1.0mL，第 3 天、7 天、21 天分别注射土霉素注射液（方通附血康）0.5mL、1.0mL、1.5mL；母猪产前一天、分娩当天、分娩后一天分别口服方通益母生化合剂 30～50mL，产后母猪饲料中添加二氢吡啶预混剂（方通优生太）和硫酸新霉素可溶性粉（方通利炎粉），能有效防止仔猪黄痢、白痢。

方案二：方通金根注射液直接稀释头孢噻呋钠粉针（方通利肿炎独宁 A+B），肌内或交巢穴注射；另一侧肌内注射乙酰甲喹注射液（方通泄独康），每天 2 次，连用 2～3 天。

第二十二节　猪副伤寒（猪沙门氏菌病）

猪副伤寒又称猪沙门氏菌病，是由沙门氏菌引起的仔猪细菌性传染病，由于是由有鞭毛的沙门氏菌引起故称为仔猪副伤寒。本病在临床上主要有急性和慢性之分，急性型以败血症变化为特点，慢性型则在大肠发生弥漫性纤维素性坏死性肠炎为特点，表现为顽固性腹泻。

［诊断要点］

1. 流行特点

本病主要发生于饲养密集的仔猪，成年猪及哺乳仔猪很少发病。病猪和带菌猪是主要传染源，消化道是最常见的传播途径。其传染方式有两种：一是病猪、带菌猪粪、尿、乳汁、流产胎儿等污染饲料、饮水及外界环境，通过消化道传染发病。二是病原体存在于健康猪体内，不表现症状，当饲养管理不当，环境改变，断乳早，有其他传染病或寄生虫侵袭等，使猪抗病能力下降，导致细菌大量繁殖出现内源性感染而发病。本病多呈散发性，无明显季节性，但在多雨潮湿的季节较常发生。

2. 临床特征和病理变化

（1）急性型（败血型）：多见于断奶后不久的仔猪，其特点是发病率低，死亡率高。病猪体温升高（41～42℃），食欲不振，精神沉郁，病初便秘，后下痢，粪便恶臭，有时带血，常有腹部疼痛症状，弓背尖叫。耳、腹下、四肢皮肤呈深红色，后期呈青紫色。最后病猪呼吸困难，体温下降，偶尔咳嗽，痉挛，一般 4～10 天死亡。

剖检主要是败血症变化。病猪的头部、耳朵及腹部等皮肤有紫斑。心脏、脾脏和肾脏等实质器官明显瘀血，呈暗红褐色，表面常见点状出血。全身浆膜及黏膜有不同程度的点状出血。全身淋巴结肿胀、充血或出血，尤以肠系膜淋巴结为甚。心内、外膜常有出血点，心包常见浆液性或纤维素性渗出物。脾肿大、呈橡皮，俗称“橡皮脾”。肺瘀血、水肿，间质增宽，小叶结构清晰，有点状出血，病情严重时多发生出血性肠炎，整个小肠呈紫红色，腹水增多，呈淡红色；盲肠、结肠黏膜充血、肿胀。

（2）慢性型（结肠炎型）：此型常见，临床表现与慢性猪瘟相似。体温稍许升高，精神不振，食欲减退，怕冷喜热，挤堆。眼角有黏液性或脓性分泌物，少数角膜浑浊，严重时形成溃疡。便秘下痢反复交替出现，粪便呈灰白色、淡黄色或暗绿色，形同粥状，有恶臭，有时带血和坏死组织碎片，逐渐脱水，极度消瘦，皮肤上出现痂样湿疹；有些病猪发生咳嗽。主要病变在盲肠、结肠、肠黏膜形成一层灰黄色或淡绿色麸皮样伪膜，伪膜下面出现溃疡，呈“糠麸样”，严重时引起纤维素性腹膜炎。肝脏瘀血、肿大，表面或切面均见针尖到粟粒大灰红色或灰白色副伤寒结节。肠系膜淋巴结、咽后淋巴结和肝门淋巴结肿大，切面灰白色脑髓样、散布有灰黄色小病灶。肺常有卡他性肺炎病灶，常与猪肺疫、猪瘟等混合感染。

[综合防制措施]

（1）加强饲养管理，采用在饲料中添加抗生素或自己配饲料，不从疫区或病场引进猪，在交易市场购猪需有相关检疫证明。

（2）当发生本病时，立即隔离病猪，用2%氢氧化钠或戊二醛癸甲溴铵溶液（方通消可灭）对猪舍及环境、用具等进行消毒，限制人员、犬猫等动物出入。常发本病的地区可考虑注射仔猪副伤寒弱毒冻干苗。

（3）仔猪出生第2天和第10天，各肌内注射右旋糖酐铁注射液（方通利雪宝）1.0mL/头和2.0mL/头；仔猪出生第3天、第7

天和 21 天时分别注射土霉素注射液（方通附血康）0.5mL/头、1.0mL/头、1.5mL/头，能大大降低本病的发生率，有效防止本病在猪场的流行。

（4）治疗

在治疗时用药剂量要足，维持时间宜长，不能在治疗取得效果后即停止用药，并加强和改善饲养管理。

［用药方案］

方案一：金根注射液配合恩诺沙星注射液（方通包宁）肌内注射，每天 2 次，连用 3 天，同时灌服金根注射 1～3mL/头。

方案二：乳酸环丙沙星注射液（方通杜拉克）配合氨苄西林钠粉针（方通泰宁）肌内注射，每天 1 次，连用 2～3 天。

同时配合四黄止痢颗粒（方通痢罢颗粒）、硫酸新霉素可溶性粉（方通利炎粉）或硫酸黏菌素预混剂（方通巧克痢散）和口服补液盐拌料口服或兑水饮用 5～7 天。

第二十三节　猪 痢 疾

本病又称血痢、黑痢、黏液出血性下痢或弧菌性痢疾。本病是由猪痢疾密螺旋体引起的一种肠道传染病。其特征为大肠黏膜发生卡他性出血性炎症，有的发展为纤维素性坏死，临床上以黏液性或黏液性出血性下痢为特征。

［诊断要点］

1. 流行特点

本病只感染猪，架子猪多发。病猪、临床康复猪和带菌猪是主要传染源，经消化道传播给易感猪。本病无季节性，传播缓慢，流行期长，各种应激因素均可促进本病的发生和流行。断乳猪和保育猪多发，发病率 75%，高发时可达 90%。经合理治疗，病死率较低，可控制在 5%～30%。

2. 临床症状

潜伏期长短不一，短者仅 3 天，长者可达 2 个月，本病的主要症状是轻重程度不等的腹泻，根据病程长短可分为最急性型、急性型、亚急性型和慢性型。

（1）最急性型：见于流行初期，病程仅数个小时，多无腹泻症状突然死亡，有的先排带黏液软便，继之迅速下痢，粪便色黄稀软或呈红褐色水样腹泻；重症者 1～2 天间粪便充满血液和黏液。

（2）急性型：大多数病猪为急性型。初期病猪精神沉郁，食欲减退，体温升高（40～40.5℃），排出黄色至灰红色软便；继之发生典型腹泻，可见粪便中混有黏液、血液及纤维素碎片，使粪便呈油脂样黏液，呈油脂样或胶冻状，棕色、红色或黑红色。病猪常出现明显腹痛，弓背缩腹，显著脱水，极度消瘦，虚弱；体温由高温下降至常温，死亡前低于常温，急性型病程一般为 1～2 周。

（3）亚急性型和慢性型：病猪表现时轻时重的黏液性出血性下痢，粪呈黑色，病猪生长发育受阻，进行性消瘦；本型的病程较长，一般在 1 个月以上。

3. 病理变化

本病的特征性病变主要在大肠，尤其是回肠、盲肠结合部，而小肠一般没有病变。剖检见病尸明显脱水，显著消瘦，被毛粗乱和被粪便污染。急性期病猪的大肠壁和大肠黏膜充血、水肿，肠系膜淋巴结肿大，结肠黏膜下淋巴结肿大隆突于黏膜表面。黏膜明显肿胀，被覆有大量混血黏液。严重者大肠黏膜炎性渗出、上皮剥脱和坏死加重，出血性纤维素性坏死性炎症，在黏膜表层形成出血性纤维蛋白伪膜，肠壁增厚。

[综合防制措施]

（1）严禁从疫区引进生猪，需要引进时，应隔离检疫 2 个月。

（2）在无病的猪场，一旦发现病猪，最好淘汰。彻底清扫、消毒并空圈 2～3 个月。有报告介绍，对病猪群采用药物防治，实行全进全出的单一饲养制，结合清除粪便、消毒、干燥及隔离等措施，可以控制本病和净化猪群。

［用药方案］

方案一：乙酰甲喹注射液（方通泄独珍）配合盐酸多西环素注射液（方通独链剔）和止血敏注射液（或维生素 K_3 注射液），每天 2 次，连用 3～5 天。脱水和失血严重的可输液和注射右旋糖酐铁注射液（方通利雪宝）进行补液补血。

方案二：金根注射液或乳酸环丙沙星注射液（方通杜拉克）配合泰乐菌素注射液（必洛星-200）和止血敏注射液（或维生素 K_3 注射液），肌内注射，每天 2 次，连用 3～5 天。脱水和失血严重的可输液和注射右旋糖酐铁注射液（方通利雪宝）。

同时，配合四黄止痢颗粒（方通痢罢颗粒）、硫酸新霉素可溶性粉（方通利炎粉）或硫酸黏菌素预混剂（方通巧克痢散）和口服补液盐拌料口服或兑水饮用 5～7 天。

第二十四节　猪增生性肠炎

猪增生性肠炎又称猪回肠炎，由专性胞内劳森氏菌感染所致。根据本病的病变特征不同，可区分为肠腺瘤病、坏死性回肠炎、局部性回肠炎和增生性出血性肠炎 4 种类型，在临床上以进行性消瘦、腹泻、血便、腹部膨大和贫血为特点。

［诊断要点］

1. 流行特点

各种年龄的猪均易感，肠腺瘤病、坏死性回肠炎和局部性回肠炎多发于断乳后的仔猪，特别是 6～12 周龄的猪最常见；增生性出血性肠炎多见于肥育猪，尤其是 16 周龄以上的架子猪多发。病猪和带菌猪是本病的主要传染源，由消化道感染发病。当猪抵抗力下降、感冒、环境突变等应激因素的影响均可导致猪感染发病。

2. 临床特征

病猪体况突然下降，体重减轻，食欲不振，多不发热，轻度腹泻，常排出混有较多黏液的软便，有时粪中可见到较多的黏液块、血液。由于长时间不间断的腹泻，导致病猪渐进性消瘦，贫血，腹部膨大，消化不良，生长发育受阻。当发展为增生性肠炎时，临床上以突然发生严重腹泻、粪便中含有较多血丝或血小块为特征。病猪贫血严重，可视黏膜苍白，常在 8～24h 死亡。

3. 病理变化

猪增生性肠炎剖检可见小肠后部、结肠前部和盲肠的肠壁增厚，浆膜下和肠系膜常见水肿，肠黏膜呈现特征性分枝状皱褶，黏膜表面湿润而无黏液，有时附有颗粒状炎性渗出物，黏膜肥厚。增生性肠炎的病变还可见凝固性坏死和炎性渗出物。局部性肠炎的肠肌肉呈显著肥大。增生性出血性肠炎的病变同增生性肠炎，但很少波及大肠，小肠内有凝血块，结肠内有血液粪便。

[综合防制措施]

加强饲养管理，减少外界环境不良因素的刺激，提高猪体的抵抗力，采用全进全出，出猪空栏时，栏舍进行彻底清洗和消毒，空闲 7 天后方可进猪。在流行期间和对调运前或新购入猪，可在饲料中添加药物进行预防。

[用药方案]

方案一：乙酰甲喹注射液（方通泄独珍）配合盐酸多西环素注射液（方通独链剔）和止血敏注射液（或维生素 K_3 注射液），每天 2 次，连用 3～5 天。脱水和失血严重的可输液和注射方通右旋糖酐铁注射液（方通利雪宝）进行补液补血。

方案二：金根注射液或乳酸环丙沙星注射液（方通杜拉克）配

合泰乐菌素注射液（必洛星-200）和止血敏注射液（或维生素 K_3 注射液），肌内注射，每天 2 次，连用 3～5 天。脱水和失血严重的可输液和注射右旋糖酐铁注射液（方通利雪宝）。

同时，配合四黄止痢颗粒（方通痢罢颗粒）、硫酸新霉素可溶性粉（方通利炎粉）或硫酸黏菌素预混剂（方通巧克痢散）和口服补液盐拌料口服或兑水饮用 5～7 天。

第二十五节　猪水肿病

猪水肿病是断奶后仔猪的一种过敏性中毒性疾病，由某些溶血性大肠杆菌产生的毒素所引起。临床上以突然发病，眼结膜充血、肿胀、发红，头部水肿，运动失调、惊厥和麻痹为特征，发病率低，死亡率高。

［诊断要点］

发病多见于营养良好和体格健壮的断奶前后的仔猪，以 40～60 日龄多发，常突然发生，病程短，迅速死亡。发病往往与断奶、改变环境、分群、运输、驱虫、防疫注射、气候突变、改变饲料、饲料中蛋白质过高、吃得过饱、硒缺乏等因素有关。本病发病一般局限于个别猪群中，并不广泛传播。在猪群中的发病率为 10%～35%，致死率可达 80%～100%。

最早通常发现未见任何症状的 1～2 头体壮的仔猪突然死亡。一般发现有些猪先轻度腹泻（后便秘），食欲减少或废绝，呼吸快而浅表，心跳加快。多数病猪先后在眼睑、结膜、脸部、颈部和腹部皮下出现水肿，特别是眼睑充血、水肿、发红，俗称“红眼病”，此为本病特征症状。有的病猪突然发病，作转圈运动或盲目运动，共济失调。有时侧卧，四肢游泳状抽搐，触之敏感，发出呻吟声或嘶哑的叫声。站立时拱背发抖，有的前肢或后肢麻痹，不能站立。

病变主要是头顶部皮下呈灰白色凉粉样水肿，胃的黏膜层和肌肉层之间呈胶冻样水肿，结肠肠系膜及其淋巴结水肿，肠黏膜水肿，肺充血、出血、水肿。

［综合防制措施］

（1）乳猪 7 日龄即开始诱食，必要时人工用手喂饲料或擦抹断乳料糊状物，每天喂 3～4 次，使其训练采食而达到适应断乳料而能独立生活。

（2）设法消除或减少断奶、转群的各种应激因素，如断奶不要太突然，头几天先减少吃奶次数，然后把母猪移开，使乳猪在原圈舍内适应几天；然后换圈饲养，转圈后第 1、2 天要减料，用自动饮水箱，饮用 0.05%高锰酸钾水 1～2 天，再换口服补液盐水饮服。断奶后 10～14 天逐步把好的乳猪颗粒料换成育成猪料。此期间防止个别大个子强壮猪吃食过多。

（3）可用仔猪水肿病灭活苗或自家苗进行免疫。

（4）当有仔猪发病时，暂时减少或停喂高蛋白质的饲料，改喂青饲料。

［用药方案］

方案一：母猪产前或产后，喂亚硒酸钠维生素 E 预混剂（方通肿独康散），每天 1～2 次，连用 2～3 天；仔猪断奶前后 5～10 天，用亚硒酸钠维生素 E 预混剂（方通肿独康散），每天 1 次，连用 2～3 天。

方案二：发病仔猪和同窝未表现症状的仔猪用药物立即治疗。亚硒酸钠维生素 E 注射液（方通肿独康）配合地塞米松磷酸钠注射液（方通血热宁）和头孢噻呋钠粉针使用，必要时再配合呋塞米注射液（方通速尿），肌内注射，每天 2 次；另用亚硒酸钠维生素 E 预混剂（方通肿独康散）以 2%拌料喂服，每天 2 次，连服 2～3 天。

第二十六节　仔猪渗出性皮炎

仔猪渗出性皮炎又称油性皮脂漏、猪接触传染性脓疮病及油病猪等，是由葡萄球菌引起的哺乳仔猪或早期断奶仔猪的一种急性致死性浅表脓皮炎。夏秋是仔猪渗出性皮炎的高发季节。渗出性皮炎是严重危害仔猪生长发育的一种全身性皮肤传染病。

［诊断要点］

1. 流行特点

本病可发生于各种年龄的猪，主要侵害5～10日龄的乳猪，其次为断奶仔猪。病猪是本病重要传染源，可经接触传播，但更多是在皮肤、黏膜有损伤，抵抗力降低的情况下感染，病原体经汗腺、毛囊和受损的部位侵入皮肤，从而引起毛囊炎、粉刺、疖、痈、蜂窝织炎、渗出性坏死性皮炎和脓肿等。本病一年四季均可发生，但以潮湿的夏秋季较为多发。

2. 临床特征

患病的仔猪首先在嘴颊部、脸面部、耳根、腹部等处出现红斑，随之全身皮肤出现褐色痂皮，猪毛无光、粗乱、皮脱屑，体表渗出脂油样浆液，附着脱落的皮垢和尘埃，表皮成为黑色，散发恶臭。病猪畏寒发抖，体温达40～42℃，食欲不振，渴欲很强，最后由于极度消瘦，贫血，经5～7天衰竭死亡。病程长的2～3周死亡。如治疗不及时，死亡率可达80%以上，病猪生长发育不良，成为僵猪。

3. 病理变化

剖检病变主要在肾脏，肾盂及肾乳头部检出大量灰白色或黄白色的尿酸盐沉积。

［综合防制措施］

方案一：将病猪全身用煤酚皂液洗净后，喷洒碘甘油（方通喷点康）后涂抹头孢氨苄注射液，同时用头孢氨苄注射液配合复方磺胺间甲氧嘧啶钠注射液（恒华金刚），肌内注射，每天 1 次，连续 3～5 天。

方案二：加强母猪产前驱虫是预防本病的关键。母猪产前 15 天用阿苯达唑伊维菌素预混剂（方通刹虫亡散）驱虫。

方案三：加强哺乳仔猪的护理，对预防本病有重要作用。一般是 3 日龄时应固定好仔猪吮乳的奶头位置，发现病猪要及时隔离治疗，猪舍要定期消毒，尤其是母猪分娩的环境要清洁干净。

第二十七节　猪呼吸道疾病综合征

猪呼吸道疾病综合征是由病毒、细菌、支原体等微生物为主要病原体感染所致的一种多因素呼吸道综合征。一般由原潜在的原发病原和继发病原（病毒、细菌、支原体、寄生虫等）、环境应激和猪体免疫力低下等多种因素共同作用而发生的疾病。

［诊断要点］

本病主要通过被污染的空气经呼吸道传染。仔猪及育肥猪易感染，成年猪为亚临床症状。临床表现在急性发病时可见体温升高，明显的呼吸道症状，但大多呼吸道症状不严重，只表现轻度气喘，少量咳嗽和低热，鼻孔流出黏液性或脓性分泌物，眼结膜肿胀，耳、吻端及四肢下端、眼睑等处皮肤发绀。有些部位皮肤出现紫红、紫黑色出血斑块。食欲下降以至废绝，精神不振或怠倦以至昏睡，失重现象明显。有的尚有一定食欲甚至除略有生长落后，精神不振外，并无明显症状的猪可在短时内突然死亡，通过剖检可发现有极其严重的肺部病变和细支气管中被泡沫性黏液所充满；严重的剖检病变往往与不明显且无特征性的临床表现极不相称。

病理剖检很容易看见各种不同类型和不同程度的呼吸器官病变，如肺瘀血、水肿、大叶性肺炎、间质性肺炎、肺肉样变和肝变、肺斑驳样出血、肺局灶性硬结或脓灶、肺纤维化以致“橡皮肺”，纤维素性胸膜肺炎和胸腔积液、绒毛心等病变也较常见。支气管黏膜肿胀及支气管、细支气管内常被泡沫性黏液或脓性物堵塞或充满。

［综合防制措施］

“脉冲”式用药（间歇性地集中短时间大剂量用药）是一种有效的防治方法，采用氟苯尼考粉（方通氟强散）加延胡索酸泰妙菌素预混剂（方通必洛星散）和盐酸多西环素素可溶性粉（如方通独链剔粉）集中投药，每次用药1周后停药1周，如此反复进行可有效控制此病。

［用药方案］

方案一：氟尼辛葡甲胺注射液（方通速解宁）配合泰乐菌素注射液（必洛星-200）和氟苯尼考注射液（方通红皮烂肺康），分别肌内注射，每天1次，连用3天。

方案二：四季青注射液直接稀释头孢噻呋钠粉针（方通雪独精典A+B），再配合硫酸卡那霉素注射液（必洛克）稀释酒石酸泰乐菌素粉针（方通泰克），肌内注射，每天1次，连用3天。

同时，口服清肺颗粒、延胡索酸泰妙菌素预混剂（方通必洛星散）、氟苯尼考粉（方通氟强散）5～7天。

第二十八节　猪李氏杆菌病

李氏杆菌病是由李氏杆菌引起的一种人畜禽鼠共患传染病，在临床上仔猪发病较多，猪感染后主要表现为中枢神经障碍和败血症，孕畜流产。

［诊断要点］

临床症状分为混合型、脑炎型和败血型三种，以混合型多见。

仔猪突然发病，初期体温高达 41～42℃、精神沉郁，稍后兴奋不安、乱跑乱窜、头颈后仰、呈观星状、病重者后肢麻痹、躺卧抽搐、口吐白沫、四肢划水样动作、触诊惊叫，病程 1～9 天，有的可耐过。

病理变化为肺充血、水肿，心内外膜出血，胃及小肠黏膜充血，肝有灰白色坏死灶，肠系膜淋巴结肿大或脑充血、水肿，脑脊髓液增加，稍浑浊等。

［综合防制措施］

隔离病猪，灭鼠驱虫，做好清洁卫生，圈舍用聚维酮碘消毒液（方通典净）或戊二醛癸甲溴铵溶液（方通消可灭）消毒，病死猪无害化处理。

［用药方案］

方案一：双黄连注射液（如方通雪清）直接稀释氨苄西林钠粉针（方通流链丹毒康 A+B），再配合复方磺胺间甲氧嘧啶钠注射液（恒华金刚），分别肌内注射，首次用每天 2 次，以后每天 1 次，连用 2～3 天。

方案二：盐酸沙拉沙星注射液（方通镇坡宁）配合方通头孢氨苄注射液，肌内注射，每天 1 次，连续 2～3 天。

方案三：氟尼辛葡甲胺注射液（方通速解宁）直接稀释酒石酸泰乐菌素粉针（方通泰克），每天 1～2 次，连续 2～3 天。

方案四：复方磺胺嘧啶钠注射液（方通立克）配合盐酸沙拉沙星注射液（方通热迪），肌内注射，每天 1～2 次，连续 2～3 天。

同时，全群猪饲喂七清败毒颗粒（方通奇独康颗粒）、复方磺胺间甲氧嘧啶钠预混剂（方通炎磺散）和阿莫西林可溶性粉（方通阿莫欣粉），饮水中添加复合 B 族维生素可溶性粉（方通氨唯多）或维生素 C 可溶性粉，效果更好。

第二十九节 母猪无乳综合征

母猪无乳综合征，以前都称为乳房炎-子宫炎-无乳综合征，简称为MMA综合征（mastitis-metritis-agalactia syndrome），但上述症状并不一定同时发生。

［诊断要点］

患病母猪多为初产母猪、过肥母猪和老龄体弱母猪，均在产后3～4天内发病，发病母猪在分娩时多数分娩无力，分娩时间长，排出胎衣缓慢。母猪从分娩开始到分娩1～2天内有乳汁，仔猪哺乳正常，但在产后24～48h泌乳减少或完全无乳。乳房及乳头缩小而干瘪，乳房松弛或肥厚肿胀，但挤不出乳汁。患猪食欲不振，精神萎靡，体温升高，39.5～41.5℃，心跳、呼吸加快。个别母猪便秘，鼻突干燥，嗜睡，不愿站立，喜伏卧，对仔猪的吮乳要求没反应，感情冷漠。

仔猪吮乳时间延长，经常用头撞击乳房，用嘴拉扯乳头，吸吮乳头无乳后，转抢吸吮其他乳头，发出尖叫声。仔猪因饥饿缺乏营养，渐渐消瘦；鼻镜干燥，被毛粗乱，皮肤苍白；粪便呈粒状，少而干硬，重者不排粪尿。嗜睡，有的被饿死，有的无力，睡在母猪周围的被母猪踩死或压死；个别幸存者生长迟缓，体质虚弱。

［综合防制措施］

（1）加强母猪饲养管理，在怀孕期间、产前产后要多喂青绿多汁饲料和补充富含蛋白质、矿物质和维生素的全价配合饲料。

（2）后备母猪不宜早配，妊娠母猪不宜养得过肥，产前不宜喂过多精料，产前一个月开始饲喂复合B族维生素可溶性粉（方通氨唯多），防止便秘。

（3）加强母猪运动，排除猪场内外不良环境引起的应激。临产前 1 周将母猪转入产房，让母猪适应新环境，做好产前消毒工作。母猪产前 1 天、分娩当天、分娩后一天分别口服方通益母生化合剂 30～50mL，防治产后三联症。产前 7 天开始至断奶，母猪饲料中添加二氢吡啶预混剂（如方通优生太），可以提高泌乳能力、防止无乳症的发生。

（4）对于无乳或少乳的仔猪，可将其寄养于其他产期相同或者相近的母猪，或并栏给产仔猪少的母猪代哺，以免饿死而造成生产损失。

［用药方案］

方案一：双丁注射液（方通汝健）配合头孢氨苄注射液或普鲁卡因青霉素（方通双抗），肌内注射，每天 1 次，连续 3 天。同时用催奶灵散口服，每天 2 次，连用 3 天。

方案二：氟尼辛葡甲胺注射液（方通速解宁）稀释氨苄西林钠粉针（方通泰宁）或头孢噻呋钠粉针（方通雪独精典 A＋B），肌内注射，每天 1 次，连续 3 天。同时用催奶灵散口服，每天 2 次，连用 3 天。

采用以上方案的同时，配合用0.2％高锰酸钾溶液浸湿毛巾按摩病猪乳房，每天3～5 次，每次20min。并且每隔几小时挤奶10～15min，有助于降低肿胀，消除炎症，促进乳房血液循环和释放乳汁。

第三十节　母猪产后不食症

母猪“产后不食症”是由多种因素引起的一种症状表现。因此，在临床诊疗中要根据不同的发病原因，采取相应的治疗方法。

一、因产后感冒引起不食

此类多因分娩困难，产程过长，致使母猪过度劳累或因气候骤变，引起产后感冒而发病。

[用药方案]

维生素 B_1 注射液（方通长维舒）和樟脑磺酸钠注射液（如方通低温心肺康），肌内注射，间隔 2h 后用氟尼辛葡甲胺注射液（方通速解宁）稀释氨苄西林钠粉针（方通泰宁）或头孢噻呋钠粉针，肌内注射，每天 1 次，连续 3 天。

二、因产后瘫痪引起不食

主要发生于胎多、瘦弱的母猪，病猪多由孕期，特别是怀孕后期，饲料单一，钙、磷比例失调或缺乏矿物质引起。

[诊断要点]

突然发病，除食欲减退或废绝外，精神沉郁，严重者呈昏睡状态，卧地不起，表情淡漠，知觉迟钝。轻者虽能站立，但行走困难，强迫其行走则东摇西摆。体温正常或稍偏低，排粪迟滞，严重者排尿失禁。

[用药方案]

方案一：10％葡萄糖酸钙 100～150mL 静脉注射，肌内注射维生素 D_3 注射液。

方案二：樟脑磺酸钠注射液（低温心肺康）和维生素 A、D 注射液（方通钙补宁），分别肌内注射。

在应用以上方案之一时，大便干燥者内服油类或盐类泻剂，同时饮水中加入复合 B 族维生素可溶性粉（方通氨唯多），增强食欲，促进胃肠蠕动。对病后卧地不起的母猪，应多垫草，勤翻身，以防褥疮。

三、因产后患阴道炎、子宫炎、尿道炎引起不食

此类多因母猪分娩时圈舍消毒不严，受病原微生物感染，产后

胎衣不下或部分滞留，或胎儿过大损伤阴道而引起。

［诊断要点］

多发生于产后 2～5 天以内的母猪，常见病猪两后腿岔开，躬背举尾，不时作排尿姿势，排出污秽不洁、红褐色黏液性的分泌物，痛苦呻吟，少食或不食，体温升高，泌乳减少。

［用药方案］

双丁注射液（方通汝健）配合头孢氨苄注射液或盐酸头孢噻呋注射液（方通倍健），每天 1 次，严重者再用方通益母生化合剂清洗子宫。

四、产后衰竭不食

主要发生于胎次多和产仔多的母猪，与孕期的饲养管理差，饲料单纯有关。

［临床症状］

母猪开始少吃不饮，体质逐渐消瘦，被毛粗乱，肋骨可数，皮肤无弹性。体温正常或稍低，皮温不均，四肢末端发凉，可视黏膜苍白（白色猪皮肤淡白）。卧多立少，不愿运动，驱之行走则出现步样蹒跚，体躯摇摆。后期肢端浮肿，心跳急速，肠音废绝，排粪迟滞或排一两个干硬粪球，表面附有黏液（膜），如不及时治疗会造成死亡。

发现母猪病后应及时将仔猪断奶，进行人工喂养，同时改善母猪的饲养管理，供给母猪易消化多营养的饲料及青绿多汁饲料。

［用药方案］

（1）25％葡萄糖注射液 100mL 或 50％葡萄糖注射液 200mL，

维生素C注射液10mL、樟脑磺酸钠注射液（如方通低温心肺康）5～10mL，加入葡萄糖注射液或生理盐水，静脉滴注，连用3～4天。

（2）维生素B_1注射液（方通长维舒）10～20mL，肌内注射。

（3）氟尼辛葡甲胺注射液（方通速解宁）配合阿莫西林粉针（方通热雪多太）肌内注射，每天1次，连用3天。

第三十一节　母猪不发情及少孕症

本病在养殖业中经常遇到，给养殖业的经济效益带来了极大的影响。

［诊断要点］

母猪不发情或发情延迟，即使发情配种后亦不能受胎，即使怀孕受胎但产仔很少，仅能产1～6个，所产仔猪成活率低，生长发育缓慢，母猪产后泌乳不足。

［用药方案］

口服益母生化合剂，每次30～50mL/头，同时用二氢吡啶预混剂（方通优生太）和复合B族维生素可溶性粉（方通氨唯多）口服7～10天，待自然发情时即可配种。如使用后仍然不发情，应注射苯甲酸雌二醇注射液。

第三十二节　仔猪低血糖症

仔猪低糖血症是仔猪在出生后最初几天内因饥饿导致体内贮备的糖原耗竭而引起的一种营养代谢病，又称乳猪病或憔悴猪病。本病特征是血糖显著降低，血液非蛋白氮含量明显增多；临床表现迟钝、虚弱、惊厥、昏迷等症状，最后死亡。

［诊断要点］

（1）新生仔猪一切正常，突然发病。

（2）病猪精神差，食欲减退或消失，吃乳无力，含着乳头时乳汁从嘴角流出。

（3）病重仔猪卧地不起，四肢绵软无力，部分病猪四肢呈游泳状运动，口微张，口角流出白色泡沫，体温 37℃以下，甚至无法检测体温，最后在昏迷中死亡。

［综合防制措施］

（1）加强怀孕母猪的后期饲养管理，充分供给营养，保证产后有充足的乳汁，可在母猪饲料中加入二氢吡啶预混剂（方通优生太）和催奶灵散，让母猪自由采食，供给充足的营养。

（2）产圈内增设防寒设备，防止温度过低或骤冷。

（3）仔猪产后 1 日龄、10 日龄各肌注右旋糖酐铁注射液（方通利雪宝）1mL，能有效预防该病的发生。

（4）病猪尽快补血补糖，可用右旋糖酐铁注射液（方通利雪宝）2mL 进行深部肌内注射，3 天 1 次，连用 2 次；同时用 10％葡萄糖注射液 20mL，樟脑磺酸钠注射液 1～2mL，地塞米松磷酸钠注射液（方通血热宁）2.5～5mg，混合加温后腹腔注射，每隔 6～8h 1 次，连用 1～2 天。

第三十三节 母猪低温症

母猪低温症是一种因饲养管理不当，营养失调，体内产热不足或散热过多而引起母猪体温下降的一种临床综合征。近年来，在冬春季节，规模化猪场时有发生，本病发病率低，死亡率高，临床表现以体温低、畏寒、精神萎靡、食欲减退或废绝、粪便干硬为特征。

［诊断要点］

1. 临床特征

初期体温降低（37～38℃），精神不振，头低耳耷，眼睛无神，结膜黄染无血色，有的粪干、有的腹胀，皮肤苍白并有紫绀，心跳微弱而缓慢，呼吸微弱，耳、鼻及四肢冰冷，全身发凉，喜卧、站立时四肢无力、震颤、步态蹒跚，食欲极差；中期病猪四肢轻度痉挛，受外力刺激可出现惊厥，无大便，小便失禁；后期注意力不集中，烦躁不安，心律失常，昏厥、抽搐，昏迷而死亡。其中以怀孕中后期的母猪和泌乳猪较多发，多数为老龄母猪。

2. 病理变化

血液稀薄而暗黑，无凝结感，腹腔内有大量微黄腹水；肠系膜淋巴结苍白，稍肿大，胃部充气、无食物，有多量黄色胃液；直肠内便干伴有多量泡沫样脓性黏液；肾无异常；膀胱内存有浓茶水样尿液；肺表面有深红病区，硬实无弹性；肝表面可见轻度圆形病灶，分布有出血点；胆囊肿大，囊内液少、色黑。

［综合防制措施］

原则：以补液强心，补气补血为主，恢复体温，调节中枢。

（1）樟脑磺酸钠注射液（方通低温心肺康）和维生素 B_1 注射液（方通长维舒），分别肌内注射，一天1～2次、连用2天。

（2）头孢氨苄注射液或盐酸头孢噻呋注射液（方通倍健）配合鱼腥草注射液（方通金刚），肌内注射，每天1～2次，连用3天。

（3）补给能量合剂，改善机体代谢。10%葡萄糖注射液120mL，10%葡萄糖酸钙注射液7mL，地塞米松磷酸钠注射液（方通血热宁）2mL，维生素C注射液5mL，维生素 B_6 注射液50mg，ATP注射液15mg，辅酶A 1 000单位，肌苷1g，进行合理配合后静脉输液。

第三十四节 猪应激综合征

应激综合征是机体受到各种不良因素（应激原）刺激而产生的一系列反应性疾病，它广泛发生于畜禽，尤以猪和家禽最为常见。猪以良种猪、瘦肉型、长速快的猪多发，而当地土种猪发生少。发病的主要原因有天气突变、环境改变、外界不良刺激等。

［诊断要点］

根据应激原的性质、程度和持续时间，猪应激综合征的表现形式有以下几种：

1. 猝死性（或突毙）**应激综合征**

多发生于运输、预防注射、配种、产仔等受到强应激原的刺激时，并无任何临诊病征而突然死亡。死后病变不明显。

2. 急性高热综合征

体温过高，皮肤潮红，有的呈现紫斑，黏膜发绀，全身颤抖，肌肉僵硬，呼吸困难，心搏过速，过速性心律不齐直至死亡。死后出现尸僵，尸体腐败比正常快；内脏呈现充血，心包积液，肺充血、水肿。此类型病症多发于拥挤和炎热的季节，此时，死亡更为严重。

3. 急性背肌坏死综合征

多发生于长白猪，在遭受应激之后，急性综合征持续 2 周左右时，病猪背肌肿胀和疼痛，棘突拱起或向侧方弯曲，不愿移动位置。当肿胀和疼痛消退后，病肌萎缩，而脊椎棘突凸出，几个月后，可出现某种程度的再生现象。

4. 白猪肉型（即 PSE 猪肉）

病猪最初表现尾部快速颤抖，全身强拘而伴有肌肉僵硬，皮肤出现形状不规则苍白区和红斑区，然后转为发绀。呼吸困难，甚至张口呼吸，体温升高，虚脱而死。死后很快尸僵，关节不能屈伸，剖检可见某些肌肉苍白、柔软、水分渗出的特点。死后 45min 肌肉温度仍在 40℃，pH 低于 6。这与死后糖原过度分解和乳酸产生有关，肉 pH 迅速下降，色素脱失，与水的结合力降低所致。此种肉不易保存，烹调加工质量低劣。有的猪肉颜色变得比正常的更加暗红，称为“黑硬干猪肉”（即 DFD 猪肉）。此种情况多见于长途运输而挨饿的猪。

5. 胃溃疡型

猪受应激作用引起胃泌素分泌旺盛，形成自体消化，导致胃黏膜发生糜烂和溃疡。急性病例，外表发育良好，易呕吐，胃内容物带血，粪呈煤焦油状。有的胃内大出血，体温下降，黏膜和体表皮肤苍白，突然死亡。慢性病例，食欲不振，体弱，行动迟钝，有时腹痛，弓背伏地，排出暗褐色粪便。若胃壁穿孔，继发腹膜炎死亡。有的猪在屠宰时才发现胃溃疡。

6. 急性肠炎水肿型

临诊上常见的仔猪下痢、仔猪水肿病等，多为大肠杆菌引起，与应激反应有关。因为在应激过程中，机体防卫机能降低，大肠杆菌即成条件致病因素，导致非特异性炎性病理过程。

7. 慢性应激综合征

由于应激原强度不大，持续或间断反复引起的反应轻微，易被忽视。实际上它们在猪体内已经形成不良的累积效应，致使其生产性能降低，防卫机能减弱，容易继发感染引起各种疾病的发生。其生前的血液生化变化，为血清乳酸升高，pH 下降，肌酸磷酸激酶活性升高。

［综合防制措施］

（1）加强饲养管理，控制好圈舍环境温度。

（2）肌内注射地塞米松磷酸钠注射液（方通血热宁）和复方磺胺间甲氧嘧啶钠注射液（方通精典）、盐酸头孢噻呋注射液（方通倍健），静脉注射碳酸氢钠注射液。

（3）复合 B 族维生素可溶性粉（方通氨唯多）或维生素 C 可

溶性粉配合二氢吡啶预混剂（方通优生太）和七清败毒颗粒（方通奇独康颗粒）拌料或兑水饮用，连续饲喂 3～5 天，可减轻或避免应激反应。

第三十五节　猪　　痘

猪痘是猪痘病毒引起猪的一种急性热性病毒性传染病，在临床上以皮肤和黏膜上形成丘疹、脓疱疹、痘疹为特征。

［诊断要点］

1. 流行特点

本病极少发生接触感染，主要通过猪血虱、蚊、蝇传播，多发生于 4～6 周龄仔猪及断奶仔猪。由痘病毒引起的猪痘，各种年龄的猪都可感染发病，常呈地方性流行。

2. 临床特征

病猪体温升高，精神沉郁，食欲减退，眼、鼻有分泌物。痘疹主要发生于腰背部、胸腹部和四肢内侧等处，严重时遍布全身。开始为深红色硬结节，体积较小，继之体积变大，突出于皮肤表面，略呈半球状。通常见不到水疱期即可转为脓疱，并很快形成棕黄色痂块，脱落后遗留白色斑块或浅表性疤痕。

［综合防制措施］

1. 平时注意饲养管理和卫生，灭虱是重要的预防措施

灭虱可采用：①皮下注射伊维菌素注射液（方通虫退）或阿维菌素注射液（方通特区），间隔 7 天后重复用药 1 次；②阿苯哒唑伊维菌素预混剂（方通刹虫亡散）或阿苯哒唑伊维菌素片（方通刹虫亡片）拌料或直接口服。

2. 发病猪的处理措施

应用以下方案，对控制继发感染、降低病死率有良好作用。

方案一：四季青注射液（方通独特）直接稀释阿莫西林粉针（方通口蓝圆毒慷 A+B），再配合樟脑磺酸钠注射液（方通低温心肺康），分别肌内注射，每天 1～2 次，连用 2～3 天。

方案二：双黄连注射液（方通环豆仓宁）配合普鲁卡因青霉素注射液（方通精长），肌内注射，每天 1～2 次，连用 2～3 天。

3. 加强消毒

用戊二醛癸甲溴铵溶液（方通无迪）或稀戊二醛溶液（方通全佳洁）按 1∶1 000 稀释泼洒消毒。

同时，全群饲喂板青颗粒或芪贞增免颗粒、阿莫西林可溶性粉（方通阿莫欣粉），效果更佳。

第三十六节　猪常见的寄生虫病

猪常见的寄生虫病主要有猪蛔虫病、猪球虫病、阿米巴原虫病、猪肺丝虫病、猪体外寄生虫病（疥螨）等。另外，近几年以来，猪的附红细胞体病和球虫病等血液原虫病也时常发生，需引起高度重视。

［诊断要点］

1. 寄生虫感染的共同特点

患猪生长迟缓，渐进性消瘦，饲料报酬低，抵抗力下降，容易引起继发感染。

2. 主要的临床表现

（1）寄生在体表的寄生虫，如疥螨。主要表现皮肤发痒，常在墙角、栏柱处摩擦，皮肤出现针头大小结节，随后形成水疱、脓疱、结痂，生长停滞、消瘦。

（2）寄生于肺部的寄生虫，如肺丝虫。主要表现患猪剧烈的阵咳，呼吸困难，剖检同支原体感染有些类似。

（3）寄生于肠道的寄生虫最多，如猪蛔虫等。主要引起幼猪患病，临床表现为生长迟缓、消瘦、腹泻。

［综合防制措施］

（1）加强环境消毒，圈舍定期用戊二醛癸甲溴铵溶液（方通消可灭）和聚维酮碘溶液（方通典净）进行消毒。

（2）采用“三阶段驱虫法”驱虫，可有效预防寄生虫疾病。①“母猪三阶段驱虫法”：母猪上产床时用伊维菌素注射液（方通虫退）皮下注射，产前 15 天用阿苯达唑伊维菌素预混剂（方通刹虫亡散）拌料，连续饲喂 3 天，断奶后用左旋咪唑粉口服一次。②“育肥猪三阶段驱虫法”：仔猪出生后 35 天用左旋咪唑粉和阿维菌素粉（方通驱倍健散）口服驱虫，仔猪出生后 90 天、120 天分别用阿苯达唑伊维菌素片（方通刹虫亡片），连续饲喂 3 天。

（3）特别严重的螨虫感染病，可用伊维菌素注射液（方通虫退）注射驱虫，间隔 7 天后重复用药一次，间隔半个月后用阿苯达唑伊维菌素预混剂（方通刹虫亡散）拌料，连续饲喂 3 天。

第三十七节　仔猪脱肛病

仔猪脱肛又称肛门直肠脱垂，是指肠管和直肠外翻脱出肛门外。病猪先天发育不良，腹腔压力长期增大（如便秘、排便用力、咳嗽、顽固性下痢），长期营养不良，体质虚弱等是本病的主要原因；饲养管理不善，天气寒冷，猪舍温度低，湿度大等是本病的诱因。

［诊断要点］

直肠脱出肛门，外观呈球状，病初直肠黏膜充血、呈红色，久则水肿、瘀血、呈暗红色，并附有泥污，且存在着不同程度的创伤。发病后期黏膜破裂，直肠坏死，排粪困难，精神不振，食欲减退或废绝，严重脱肛仔猪易死亡。

［治疗方案］

对患猪应采取手术整复。

（1）术前控制病猪采食，促其排空粪便与尿液。

（2）手术时将病猪倒提保定，用肥皂水将肛门周围皮肤及尾根、腿部洗净，用0.1%高锰酸钾溶液或2%～5%明矾水、淡盐水冲洗消毒脱出的直肠黏膜，通过挤压放出水肿液，均匀涂抹方通青霉素钠粉针（方通美林）。用温生理盐水或清洁温水浸泡过的纱布热敷，按压脱肛部位，使脱出的直肠复位，随即进行肛门荷包式缝合，松紧适当，过紧妨碍排便，过松易引起再度脱肛。

（3）对脱肛严重、直肠坏死、浆膜穿孔的病猪，应进行脱出直肠的切除缝合术。手术时用1%普鲁卡因40～60mL、0.1%肾上腺素1mL混合，选定后海穴（肛门上方、尾根下方凹陷处）注射20～30mL，肛门及术部浸润麻醉20mL。术者用两条缝线在患部之后做十字形穿过脱出直肠，穿线注意避开较粗血管，然后在离缝线1cm左右小心切除坏死直肠，内外肠管（术中注意不要嵌住、伤及小肠，如遇细小血管渗血可用纱布压迫止血和止血钳止血），用镊子从直肠腔内夹出缝线，在缝线中央剪断，形成4条线，分别打结固定，即为4个结节之间做两层肠管肠壁结节缝合，内外（两层）肠管断端进行相距5.5cm缝合。缝合完毕，剪掉固定牵引线，消毒直肠脱出部分并还纳入肛门内。

［术后护理］

（1）病猪手术后肌内注射头孢氨苄注射液或普鲁卡因青霉素注射液（方通双抗），每天2次，连用3天。同时，日粮中加入茵栀解毒颗粒（方通独林颗粒），或用党参、白术、当归、甘草、陈皮、黄芪各10g，柴胡、升麻各6g，水煮煎服。

（2）术后病猪控食1～2天，期间可喂10%葡萄糖水，流汁料，逐渐加料，7天后恢复正常日喂量。

（3）加强饲养管理，防止饲料霉变，饲料中定期添加脱霉剂和茵陈蒿散（方通护甘散）。

第三十八节　猪霉玉米（饲料）中毒

饲料或玉米存放不当或过久，在一定的温度和/或湿度下易发生霉变，用发霉变质的饲料或玉米喂猪可引起中毒。发霉饲料或玉米中毒病例，在临床上常难以肯定为何种霉菌毒素中毒，往往是几种霉菌毒素协同作用的结果。

［诊断要点］

1. 临床症状

仔猪和怀孕母猪较为敏感，中毒仔猪常呈急性发作，出现中枢神经症状，头弯向一侧，角弓反张，数天内死亡。大猪持续病程较长，精神不振，食欲减退或废绝，口渴喜饮；可视黏膜黄染或苍白，皮肤充血发红或有出血斑（见附录图十五）；四肢无力，步行蹒跚；粪便先干后稀，重者混有血丝甚至血痢；尿黄或茶黄色混浊。后期病猪出现间歇性抽搐、角弓反张等精神症状，多因衰竭而死亡。慢性中毒病猪体温基本正常，食欲减少或废绝，或只吃青饲料，可视黏膜轻度黄染或苍白，皮肤基本正常。但内脏已受毒素损伤，一遇刺激常使病情加重，甚至引起不明原因死亡，母猪感染后阴户红肿。

2. 病理变化

剖检见腹腔内有少量黄色或黄红色腹水；肝肿大或萎缩，质脆，切面结构模糊，病程长者肝间质增生，质地变硬；多数病猪胆囊萎缩，有的胆囊壁水肿、增厚，胆汁少而浓、呈油状；胃底弥漫性出血或溃疡，肠道常有出血性炎症。

［综合防制措施］

不用变质饲料或霉玉米直接喂猪。

方案一：饲料中添加脱霉剂和茵陈蒿散（方通护甘散），饮水中添加复合 B 族维生素可溶性粉（方通氨唯多），连续饲喂 15～20 天。

方案二：对已经发病的猪，用四季青注射液（方通热效）或氟尼辛葡甲胺注射液（方通速解宁）配合泰乐菌素注射液（必洛星-200）肌内注射，饲料中添加脱霉剂和茵陈蒿散（方通护甘散），饮水中添加复合 B 族维生素可溶性粉（方通氨唯多），连续饲喂 15～20 天。

鉴于目前霉菌毒素中毒比较普遍，建议母猪、保育猪饲料中长期添加脱霉剂，全群猪定期饲喂茵陈蒿散（方通护甘散）和二氢吡啶预混剂（方通优生太），能有效减少肝病和霉菌毒素的中毒。

第三十九节　猪常见的中毒性疾病

猪常见中毒性疾病有：有机砷中毒、棉酚中毒、黄曲霉毒素中毒、有机磷中毒、食盐中毒、硝酸盐和亚硝酸盐中毒、铜中毒、酒精中毒、药物中毒等。

［诊断要点］

由于其中毒的致病原因及机理不同，呈现的症状也不相同。临床上常见的症状有：

1. 急性中毒

常出现腹痛、腹泻、厌食、脱水、呕吐、运动失调、呼吸困难、失明、全身痉挛、盲目转圈、冲撞、黏膜发绀、心衰、血红蛋白尿、突然死亡等症状，死亡猪只出现天然孔出血，大小便失禁、流涎、皮肤变色等。

2. 慢性中毒

常出现食欲不振、生长发育不良、消瘦、贫血或者不表现症状，但饲料转化率不高，成本增加，严重者最后消瘦衰竭死亡。

［综合防制措施］

1. 加强饲养管理，远离毒源

（1）合理使用药物，正确掌握药物的使用方法，按说明书剂量准确使用，防止药物慢性中毒，临床中尽可能不要长期使用某一种药物。

（2）饲料营养结构尽可能合理，对饲料中添加的药物、添加剂、微量元素等必须科学合理，饲料保存合理，防止霉变。对可疑霉变饲料，立即停喂，查找原因，改喂安全饲料。

（3）加强管理，尤其对猪敏感毒源的管理，提高饲养人员的责任心，防止人为投毒。

2. 猪出现中毒时，应及时采取措施，进行有效解救

（1）查找原因，及时纠正。如饮水和饲料污染，药物的使用不当等，应及时停用污染饮水、饲料或药物，改喂清洁饮水、停用药物等。

（2）排出毒物。如用药用碳吸附毒素，再用泻剂硫酸钠把胃肠内毒物排出，也可根据情况进行洗胃、催吐等。

（3）明确原因后，使用特效解毒药进行解救，如氢氰酸中毒采用硫代硫酸钠，亚硝酸盐中毒用美兰，有机农药中毒用解磷定等进行解救。

（4）对症治疗，应采取紧急措施，如解痉、强心、抗休克、补液、利尿等。临床中用乙酰胺注射液（方通多独解），肌内注射，同时在饮水中添加复合B族维生素可溶性粉（如方通氨唯多）、静脉注射维生素B_1注射液（方通长维舒）、维生素C注射液、葡萄糖注射液和能量制剂等，有较好疗效。

第三章　牛、羊常见病的防制与用药方案

第一节　牛流行热

牛流行热（又名三日热）是由牛流行热病毒引起的一种急性热性传染病。其特征为突然高热，呼吸促迫，流泪，消化器官严重卡他炎症和运动障碍。感染该病的大部分病牛经 2～3 天即恢复正常，故又称三日热或暂时热。该病病势迅猛，但多为良性经过，过去曾将该病误为是流行性感冒。该病能引起牛大群发病，明显降低乳牛的产乳量。

［诊断要点］

1. 流行病学

不同品种、种别、年龄的牛均可感染，以黄牛、奶牛最易感，高产奶牛感染后症状最严重，犊牛和水牛较少发。主要流行于蚊蝇多的夏季和秋初。病牛是本病的主要传染源，病毒主要存在于发热期的血液中，通过吸血昆虫叮咬而传播。

2. 临床症状

潜伏期 2～10 天。常突然发病，很快波及全群。体温升高到 40.9℃以上，持续 2～3 天。病牛精神委顿，鼻镜干而热，反刍停止，乳产量急剧下降。全身肌肉震颤，四肢关节疼痛，步态僵硬不稳，跛行，故又名“僵直病”。高热时，病牛呼吸促迫，呼吸数每

分钟可达 80 次以上，肺部听诊肺泡音高亢，支气管音急促。眼结膜充血、流泪、流鼻涕、流涎，口边粘有泡沫。发热时，病牛尿量减少，孕牛患病时可发生流产。病程一般为 2～5 天，有时可达 1 周，大部分为良性经过，多能自愈。

3. 病理变化

剖检变化与病情的轻重有关，主要病变在呼吸道，显示明显的肺间质性气肿，部分病例可见肺充血及水肿，肺体积增大。严重病例全肺膨胀充满胸腔，在肺的心叶、尖叶、膈叶出现局限性暗红色乃至红褐色小叶肝变区，气管和支气管充满泡沫状液体。全身淋巴结呈不同程度的肿大、充血和水肿，实质器官多呈现明显的浑浊肿胀。此外，还可发现关节、腱鞘、肌膜的炎症变化。

［综合防制措施］

在流行季节到来之前，应用牛流行热亚单位疫苗或灭活疫苗预防注射，均有较好的效果。间隔 3 周两次免疫接种，注苗后对部分牛有局部接种反应和少数牛有一过性反应，奶牛注苗后 3～5 天奶产量会有轻微的下降。对于假定健康牛及附近受威胁地区牛群，还可用高免血清进行紧急预防接种。

［用药方案］

方案一：头孢氨苄注射液或盐酸头孢噻呋注射液（方通倍健）配合 20%土霉素注射液（方通附血康），肌内注射，每天 1 次，连续 3～5 天。

方案二：柴胡注射液（方通感康）或盐酸沙拉沙星注射液（方通炎热克）稀释氨苄西林钠粉针（方通泰宁），配合银黄提取物注射液（方通流洋多太），肌内注射，每天 2 次，连用 3～5 天。

方案三：复方磺胺嘧啶钠注射液（方通立克）配合四季青注射液（方通独特）稀释头孢噻呋钠粉针（方通雪独精典 A+B），肌内注射，每天 2 次，连用 3～5 天。

方案四：四季青注射液配合盐酸土霉素粉针（均独百并王 A+B），肌内注射，每天 1 次，连用 3～5 天。

在应用以上方案之一时，同时配合维生素 B_1 注射液（方通长维舒）和维生素 C 注射液静脉输液，效果更好。重症时再加樟脑磺酸钠注射液（方通低温心肺康）配合 5%葡萄糖注射液静脉滴注。

第二节　牛病毒性腹泻-黏膜病

牛病毒性腹泻又称为牛黏膜病，由牛病毒性腹泻黏膜病病毒引起牛的一种急性热性消化道传染病，以发热、口腔及其他消化道黏膜糜烂或溃疡及腹泻为主要特征。

［诊断要点］

1. 流行特点

新疫区以急性病例为多，各年龄牛均易感染发病，发病率和病死率均较高；老疫区主要感染犊牛。病牛和康复后的牛为本病的主要传染源，经消化道、呼吸道和生殖道感染给健康牛。本病一年四季均可发生，但以冬季和初春多发。

2. 临床特征

潜伏期 7～10 天，急性病牛突然发病，体温高达 40～42℃，呈双相热。2～3 天后口腔黏膜表面糜烂，舌上皮坏死、溃疡，流涎，呼气恶臭。继而严重腹泻，初呈水样，后含黏液、纤维素性伪膜和血液。有的病牛发生蹄叶炎和趾间皮肤糜烂而出现跛行。有的在发热的同时呈现出血、血样腹泻和注射部位异常出血等症状。慢性病例以持续性或间歇性腹泻和口腔黏膜溃疡为特征，慢性蹄叶炎和严重的趾间坏死，局部脱毛和表皮角化。妊娠牛发病，表现为流产或犊牛先天性缺陷，患犊因小脑发育不全呈现轻重不同的共济失调。

3. 病理变化

主要是口腔、食道和胃黏膜水肿及糜烂。其特征性病变为食管黏膜糜烂，皱胃幽门出血、水肿、溃疡或坏死，卡他性、出血性或溃疡性炎症。

［综合防制措施］

（1）引种时必须严格检疫，防止病毒带入。一旦发病，及时隔离或急宰，严格消毒，限制牛群活动，防止疫情传播扩大。

（2）预防接种：可用牛病毒性腹泻弱毒疫苗预防接种。

［用药方案］

控制继发感染和应用收敛剂及补液等保守疗法，可减少损失。

方案一：银黄提取物注射液（方通流洋多太）稀释头孢噻呋钠粉针（方通雪独精典A+B）后肌内注射，每天1次，另一侧肌内注射金根注射液，每天1次，连用3～5天。

方案二：双黄连注射液（方通流洋康泰）稀释阿莫西林钠粉针（方通热血多太），肌内注射，再配合乙酰甲喹注射液（方通泄独珍），肌内注射，每天1次，连用3～5天。

方案三：黄芪多糖注射液（方通抗毒）配合氨苄西林钠粉针（方通泰宁），肌内注射，再配合大蒜苦参注射液（方通独厉止），肌内注射，每天1次，连用3～5天。

在应用以上方案之一时，配合维生素B_1注射液（方通长维舒）、维生素C注射液静脉输液，效果更好。

第三节　牛支原体肺炎

牛支原体肺炎是由丝状支原体引起牛的一种高度接触性呼吸道传染病，又称“烂肺病”。本病以纤维素性肺炎、胸膜肺炎、肺的实变、脓肿、烂肺、关节炎、乳房炎等为特征，分亚急性和慢性两型，在我国发病较多，是牛群的常见传染病，特别是在长途运输、气候多变、饲养管理不良的地区发病较严重。

［诊断要点］

1. 流行特点

主要侵害黄牛、肉牛、奶牛、牦牛和犏牛，特别是犊牛。牛群转移、集聚、厩舍拥挤和冬春季气候异常是诱发本病的重要因素。病牛是本病的传染源，健康牛通过呼吸道及消化道感染。

2. 临床特征

潜伏期1周～4个月，病初症状不明显，仅在清晨饮水或运动时，发生短弱干咳，体温略高，易被忽视。后期发热可达40～42℃，稽留不降，呼吸困难，咳嗽疼痛，声短微弱，胸前腹下水肿，听诊、叩诊胸部可听到支气管和肺部的摩擦音。鼻流脓涕，腹式呼吸，鼻翼张开，前肢外展，发出“吭”声，触肋间躲闪，消化障碍，有的表现关节炎，肿大，跛行，乳房炎，泌乳停止，消瘦体弱。

3. 病理变化

肺实质存在不同阶段的肝变、实变，切面红灰相间，呈大理石状花纹，有的呈灰白色，肺间质水肿增宽，肺内有坏死灶、脓包。胸腔积液，有纤维蛋白凝块，胸膜肥厚，粗糙，粘连，表面有纤维素性渗出物。切开肿大的关节，有黄色脓性分泌物。

［用药方案］

方案一：泰乐菌素注射液（必洛星-200）配合氟尼辛葡甲胺注射液（方通速解宁），肌内注射，每天1次，连用3～5天。

方案二：泰乐菌素注射液（必洛星-200）配合盐酸沙拉沙星注射液（方通热迪），肌内注射，每天1次，连用3～5天。

方案三：20%氟苯尼考注射液（方通红皮烂肺康）和盐酸头孢

噻呋注射液（方通倍健），分别肌内注射，每天 1 次，连用 3～5 天。

方案四：硫酸卡那霉素注射液（方通必洛克）直接稀释酒石酸泰乐菌素粉针（方通泰克）后肌内注射，每天 1 次，连用 3～5 天。

第四节　牛口蹄疫

牛口蹄疫病俗名“口疮”或“蹄癀病”，是由口蹄疫病毒引起的偶蹄动物的一种急性、热性、高度接触性传染病。其特征为口腔黏膜、蹄部和乳房皮肤发生水疱、烂斑。

［诊断要点］

1. 流行特点

牛尤其是犊牛最易感，骆驼、绵羊、山羊次之，猪也可感染发病。本病具有流行快、传播广、发病急、危害大等流行病学特点，疫区发病率可达 50%～100%，犊牛死亡率较高，其他则较低，病畜和潜伏期动物是最危险的传染源。病畜的水疱液、乳汁、尿液、口涎、泪液和粪便中均含有病毒。该病入侵途径主要是呼吸道，消化道也可传染。传播虽无明显的季节性，但冬春季节发病多。

2. 临床特征

本病潜伏期 1～7 天，平均 2～4 天，牛精神沉郁，闭口，流涎，开口时有吸吮声，体温可升高到 40～41℃。发病 1～2 天后，病牛齿龈、舌面、唇内面可见到蚕豆到核桃大的水疱，涎液增多并呈白色泡沫状挂于嘴边。采食及反刍停止。水疱约经一昼夜破裂，形成烂斑、溃疡，这时体温会逐渐降至正常。在口腔发生水疱的同时或稍后，趾间及蹄冠也出现水疱，很快破溃形成烂斑，继而病牛出现跛行，然后逐渐愈合。有时在乳头皮肤上也可见到水疱。本病一般呈良性经过，经一周左右即可自愈；若蹄部有病变则可延至 2～3 周或更久。死亡率 3%～5%的称为良性口蹄疫。有些病牛在水疱愈合过程中，病情突然恶化，全身衰弱，肌肉发抖，心跳加快、节律不齐，食欲废绝，反刍停止，行走摇摆、站立不稳，往往因心脏麻痹而突然死亡，死亡率高达25%～50%，称为恶性口蹄疫。犊牛发病时往往表现恶性口蹄疫，常看不到特征性水疱，主要表现为出血性胃肠炎和心肌炎，死亡率较高。

3. 病理变化

除口腔和蹄部病变外，还可见到舌、食道和瘤胃黏膜有水疱和烂斑（见附录图十六），胃肠有出血性炎症，肺呈浆液性浸润，心包内有大量混浊而黏稠的液体。恶性口蹄疫可在心肌切面上见到灰白色或淡黄色条纹与正常心肌相伴而行，如同虎皮状斑纹，俗称“虎斑心”（见附录图十七）。

［综合防制措施］

（1）发现疫情立即上报，确诊后，按照国家规定采取紧急措施，严格封锁疫点，禁止人畜在封锁区内流动。

（2）用A型、O型、亚洲Ⅰ型二价或三价灭活苗进行免疫接种和紧急预防接种。

（3）严格消毒，粪便发酵处理。畜舍、场地、用具用戊二醛癸甲溴铵溶液（方通消可灭）或聚维酮碘溶液（方通典净）以1∶1 000稀释泼洒或喷洒消毒，也可以用1%～2%烧碱液、10%石灰乳或1%～2%福尔马林喷洒消毒。

［用药方案］

一旦确诊为本病，不得采取任何治疗措施。以下方案仅针对疑似病例。

方案一：盐酸沙拉沙星注射液（方通镇坡宁）稀释青霉素钾粉针（方通美林），控制继发感染，肌内注射，每天2次，连用3～5天。

方案二：四季青注射液（方通独特）直接稀释阿莫西林钠粉针（方通口蓝圆独慷A+B），再配合樟脑磺酸钠注射液（方通低温心肺康），每天2次，连用3～5天。

方案三：四季青注射液（方通独特）配合头孢噻呋钠粉针（方通雪独精典 A+B)，肌内注射，每天 2 次，连用 3～5 天。

对糜烂处用聚维酮碘（方通碘净）消毒液冲洗，再用碘甘油（方通喷点康）喷于患处，间隔 2h 然后用普鲁卡因青霉素注射液（方通精长）涂抹在患处，效果更佳。

第五节　奶牛蹄叶炎

蹄叶炎是指蹄真皮的弥漫性、无败血性炎症。

[诊断要点]

(1) 常与饲养管理有密切关系，如长期喂给高蛋白质饲料，工作、栖息场所地面质硬、潮湿等。

(2) 急性病例表现为步状僵硬，运步疼痛，背部躬起。若后肢患病，有时前肢伸于腹下；若前肢患病，后肢聚于腹下。慢性蹄叶炎，呈典型拖鞋蹄，蹄背侧缘与地面形成很小的角度，蹄扁阔而变长；蹄背侧壁有嵴和沟形成，弯曲，出现凹陷；蹄底角质出血、变黄、穿孔和溃疡。亚临床型蹄叶炎，不表现跛行，但削蹄时可见蹄底出血，角质变黄，而蹄背侧不出现嵴和沟。

[防制措施]

(1) 改善环境主要是要注意圈舍的清洁卫生，随时对垫草进行轮换。

(2) 加强饲养，供给全价饲料，防止部分营养过高或缺乏。

(3) 急性期静脉放血 1 000～2 000mL，并投给轻泻石蜡油，以有利于毒素排除。脱敏疗法：内服盐酸苯海拉明 0.5～1g，每天 1～2 次，10%氯化钙或葡萄糖酸钙 100～200mL，10%维生素 C 注射液 10～20mL 静脉注射。还可用碳酸氢钠疗法和自家血液疗法。

(4) 慢性蹄叶炎要重视修蹄、削蹄，预防形成“芜蹄”。对

“芜蹄”可作矫形，由于蹄骨变位，要注意矫形装蹄。

（5）氟尼辛葡甲胺注射液（方通速解宁）配合普鲁卡因青霉素注射液（方通精长）或盐酸头孢噻呋注射液（方通倍健），每天1次，连用2天。控制继发感染，促进炎症的恢复。

第六节　牛副流行性感冒

牛副流行性感冒是由牛副流感病毒3型引起的牛的一种急性呼吸道传染病。以高热、呼吸困难和咳嗽为临床特征。

［诊断要点］

1. 流行特点

成年肉牛和奶牛最易感，犊牛在自然条件下很少发病。天气骤变、寒冷、疲劳，特别是长途运输常可促使本病流行，晚秋和冬季多发。

2. 临床特征

潜伏期2～5天。病牛以急性呼吸道症状为主要特征，呈现高热，精神沉郁，厌食，咳嗽，流浆液性鼻液，呼吸困难，发出呼噜声。肺部听诊可听到湿啰音，肺实变时则肺泡音消失。有的发生乳房炎，有的发生黏液性腹泻。病程不长，可在数小时或3～4天内死亡。

3. 病理变化

病变限于呼吸道，呈现支气管肺炎和纤维素性胸膜炎的变化，肺组织可发生严重实变。肺泡和细支气管上皮细胞有合胞体形成，在胞浆和胞核内都能检出嗜酸性包涵体。

［综合防制措施］

1. 加强饲养管理

加强饲养管理，尽可能消除一切诱病因素，保持环境舒适。定期用稀戊二醛溶液（如方通全佳洁）（1∶1 000）对圈舍、场地、工具进行彻底消毒。

2. 接种疫苗

肉牛在4月龄同时接种牛副流感病毒3型弱毒疫苗和巴氏杆菌菌苗，奶牛在6～8月龄接种，1个月后复种1次。

［用药方案］

本病的治疗目的在于防止并发症或继发性感染，应及早用药。

方案一：双黄连注射液（方通流洋康泰）配合头孢氨苄注射液或盐酸头孢噻呋注射液（方通倍健），肌内注射，每天1次，连用3～5天。

方案二：硫酸庆大-小诺霉素注射液（方通重杆宁）或四季青注射液（方通热效）稀释氨苄西林钠粉针（方通泰宁），配合20%氟苯尼考注射液（方通红皮烂肺康），肌内注射，每天1次，连用3～5天。

第七节　牛胃肠炎

牛胃肠黏膜及黏膜下组织的炎症称为胃肠炎，牛胃肠炎的临床特征为腹痛、腹泻、发热和消化机能紊乱等。

［诊断要点］

1. 发生原因

原发性胃肠炎多因饲养不当，饲料品质粗劣、调配不合理、霉变，饮水不洁等引起。尤其当畜体衰弱、胃肠机能有障碍时，更易引起本病的发生。继发性胃肠炎多因消化不良和腹痛过程中由于病程持久、治疗缺失、用药不当等引起胃肠血液循环及屏障机能紊乱、细菌大量繁殖、细菌毒素被吸收等发展而来。

2. 临床特征

病初体温升高，后保持正常。呈现消化不良，后逐渐或迅速呈现胃肠炎症状。患畜精神沉郁，食欲废绝，渴欲增加或废绝，眼结膜先潮红后黄染，舌面皱缩，舌苔黄腻，口干而臭，鼻端、四肢末梢冷凉，伴有轻度腹痛。持续腹泻，粪便成水样，臭或腥臭并混有血液或坏死组织碎片。腹泻时肠音增强，后期排便失禁或不断努责但无粪便排出。若炎症主要侵害胃和小肠时，排粪减少，粪干色暗，混有黏液，后期才出现腹泻。小肠炎症时，继发胃扩张，导致胃流出微黄色酸臭液状内容物。

霉菌性胃肠炎病初常不易发现，病情突然加剧，呈急性胃肠炎症状，后期神经症状明显，病畜狂躁不安，盲目运动。

［综合防制措施］

加强饲养管理，注重环境卫生及疾病的预防工作。禁止饲喂腐败、冰冻、发霉饲料，精粗饲料要合理搭配和调制，饲喂要定时、定量，防止饥饱不匀；防止暴饮或空腹饮大量的冰水。保证牛舍通风干燥、空气新鲜、光线充足，初生牛犊及时饲喂初乳。发现病情，及时治疗。

1. 治疗原则

清理肠胃，抑菌消炎，补液、强心、解毒。让病牛安静休息，勤饮清洁水，彻底绝食2～3天，每天输葡萄糖注射液以维持营养。

2. 清理胃肠

排除有毒物质，减轻炎性刺激，缓解自体中毒。内服液状石蜡500～1 000mL或植物油500mL，鱼石脂10～20g，加水适量。也可内服硫酸钠或方通口服补液盐。

3. 抑菌消炎

利用广谱抗生素消除胃肠道炎症，修复胃肠黏膜。

［用药方案］

方案一：大蒜苦参注射液（方通独厉止）和恩诺沙星注射液（方通均独金刚），分别肌内注射，每天1次，连用3天。

方案二：金根注射液稀释头孢噻呋钠粉针（方通利仲炎独宁A+B）肌内注射，每天2次，连用3天。

方案三：乙酰甲喹注射液（方通泄毒康）和盐酸沙拉沙星注射液（方通流洋康泰）分别肌内注射，每天1次，连用3天。

在应用以上方案之一时，配合5%葡萄糖生理盐水2 000mL，维生素C注射液20mL，40%乌洛托品50mL静脉滴注；或用5%葡萄糖生理盐水150mL，碳酸氢钠500mL，樟脑磺酸钠注射液20mL，静脉滴注，效果更佳。

第八节 牛、羊无浆体病

牛、羊无浆体病是由无浆体引起的反刍动物的一种慢性和急性传染病，其特征为高热、贫血、消瘦、黄疸和胆囊肿大。本病也叫边虫病，广泛分布于世界热带和亚热带地区，在南北美洲、非洲、南欧、澳大利亚、中东等地流行。我国也有发生，经血清学和病原学调查，甘肃、青海、新疆、宁夏、陕西北部和内蒙古西部均属病原分布区。1982年和1986年，新疆和内蒙古曾先后发生绵羊无浆体病流行，绵羊和山羊的死亡率达17%。

［诊断要点］

1. 流行特点

病原体为立克次氏体目中的三种无浆体，即边缘无浆体边缘亚种、中央亚种和绵羊无浆体。补体结合反应试验发现它们之间具有交叉抗原性。这些微生物有95%位于红细胞的边缘，只有一小部分在红细胞的中央。病畜和康复后带菌畜是本病的传染源，通过蜱叮咬将本病传播给易感牛羊。

2. 临床特征

（1）牛：潜伏期17～45天。轻症病牛，一般呈现厌食，轻度抑郁和低热。由于症状不太明显，而不易引起注意。重症病例，病牛突然发病，体温升高，可达40～41.5℃，食欲减退，反刍减少，贫血，抑郁，衰弱。当红细胞压容降到正常的40%～50%时，可视黏膜变得苍白和黄染。但尿的颜色正常，无血红蛋白尿。还可出现肌肉震颤、流产和停止发情。常因继发病而死亡。

（2）绵羊和山羊：体温升高，衰弱无力，贫血，黄疸，厌食，体重明显减轻，红细胞总数、血红蛋白含量和红细胞压容均见减少。血液抹片检查可在许多红细胞内发现无浆体。

3. 病理变化

病牛体表多有蜱附着，大多数器官的变化都和贫血有关。病牛消瘦，黄染，胸前腹下轻度水肿，心内外膜和浆膜下有大量瘀斑，脾肿大，脾髓软腐，色如酱油，骨髓增生呈红色，有时发生肺气肿。

［综合防制措施］

本病主要的预防措施是灭蜱和对畜群进行药浴或淋浴，防止吸血蜱类侵袭畜群。国外已有灭活佐剂菌苗和弱毒菌苗供使用。发生疫情后，立即将病畜检出，隔离饲养，供给充足的饮水和饲料。每天用灭蝇剂喷洒体表。

［用药方案］

方案一：盐酸吖啶黄注射液（方通雪从亡）配合板蓝根注射液（方通百独王），分别肌内注射，每天1次，连用2～3次。

方案二：土霉素注射液（方通长征）或盐酸多西环素注射液（方通独链剔）配合盐酸沙拉沙星注射液（方通炎热克），分别肌内注射，每天1次，连用2～3次。

方案三：土霉素注射液（方通长征）配合复方磺胺间甲氧嘧啶钠注射液（恒华金刚），分别肌内注射，每天1次，连用2～3次。

方案四：三氮脒粉针（方通附雪松）配合四季青注射液（方通热效），肌内注射，每天1次，连用2～3次。

在应用以上方案之一时，再配合右旋糖酐铁注射液（方通利雪宝），维生素C注射液和葡萄糖注射液静脉输液，效果更佳。

第九节　奶牛高酮血症

奶牛酮血症多因饲养不当，饲料内蛋白、脂肪过剩，糖类和维生素不足，致使血糖降低，肝脏糖原异生作用增强，产生大量酮体而发病。高产奶牛运动不足以及患有肝脏疾病或胰岛素产生不足，也往往引起该病。

［诊断要点］

1. 消化不良型

病初奶牛会出现食欲不振，继而反刍减少，瘤胃蠕动音减弱，粪便干硬或腹泻，量少而恶臭。多数奶牛产乳量下降，乳房无明显变化，乳汁易形成泡沫，状如初乳，有特异的醋酮气味。后期肝脏浊音区扩大，体温正常或偏低。呼吸次数减少呈腹式呼吸。

2. 神经型

初期兴奋不安，听觉过敏，眼神狞恶或眼球震颤，咬肌痉挛，有时未吃食而不断虚嚼和流涎。有的横冲直撞狂暴不安，其症状维持一两天后，即转为抑制状态，头低沉，反射迟钝，精神委顿，步态蹒跚。有的后期颇似产后瘫痪，常发生昏迷状态。

3. 临床型

仅见血酮升高，轻度食欲缺乏，产乳少或乳脂低下，其余无明显症状，最易被忽视。

［综合防制措施］

1. 关键是科学饲养管理，合理调配日粮，特别是对高产乳牛，要喂给足够的碳水化合物。从分娩前6周起，每天日粮中添加生糖物质丙酸钠100g或甘油350g。

2. 定期检查高产乳牛尿液中的酮体含量，尤其是对有酮病病史的乳牛。能早期发现，及时治疗，从而缩短病程，提高疗效，减少生产损失。

［用药方案］

方案一：补充血糖，提高血糖含量。静脉注射25%葡萄糖注射液500～1 000mL，也可腹腔注射20%葡萄糖注射液。

方案二：中和血液酸度。可用5%碳酸氢钠溶液300～500mL，樟脑磺酸钠注射液（方通低温心肺康）10～20mL，静脉滴注，每天1次；或内服碳酸氢钠20～30g，每天2～3次。

方案三：患病牛处于昏迷时可皮下注射胰岛素80～100单位，并静脉滴注5%葡萄糖注射液2 000～3 000mL。

方案四：神经型的可静脉滴注8%水合氯酚硫酸镁溶液100～200mL。

方案五：取红糖200g，生姜50g，大枣10枚，煎汤灌服，每天早晚各1次，连用10日即可。

第十节　奶牛子宫内膜炎

奶牛子宫内膜炎是子宫黏膜的黏液性和脓性炎症。由于炎症所产生有毒物质可导致精子和胚胎死亡，而成为奶牛不孕的常见原因之一。

［诊断要点］

1. 发生原因

通常是在配种、分娩及助产时，由于细菌的侵入而感染。子宫黏膜的损伤及母畜机体抵抗力降低，是促使本病发生的重要因素。此外，阴道炎，子宫颈炎，子宫弛缓，子宫脱出，胎衣不下及牛羊的布鲁氏菌病等，都可继发子宫内膜炎。

2. 临床特征

根据炎症过程可分为急性型和慢性型。按其性质可分为黏液性型、黏液脓性型和脓性型。

（1）急性子宫内膜炎：多发生于产后及流产后，表现为黏液性及黏液脓性。母牛体温稍高，食欲不振，弓腰，努责及排尿频繁。从生殖道排出灰白色混浊含有絮状物的分泌物或脓性分泌物。在恶露期感染时，常见红褐色的恶露混有黄白色的脓汁。患畜卧下时排出较多，子宫颈外口肿胀，充血和稍开张，常含有上述分泌物。直肠检查时子宫增大，疼痛，呈面团样硬度，有时有波动。子宫收缩减弱或消失。

（2）慢性子宫内膜炎：根据其排出的炎性分泌物的性质，可分为隐性、黏液性、黏液脓性及脓性等几种。其症状如下：

①流出炎性分泌物：除隐性子宫内膜炎外，其他各型均可见到从阴门时常排出炎性分泌物，尾根及阴门常附着炎性分泌物。

②发情配种情况异常：患隐性子宫内膜炎时，发情正常，但屡配不孕（发情时的子宫分泌物混浊或含有絮状物）。

③阴道检查：可见子宫颈充血、肿胀、松弛开张，颈口蓄积有炎性分泌物。

④直肠检查：子宫角变粗、壁厚柔软、弹性收缩减弱，或子宫软硬不一致。子宫内有炎性分泌物蓄积，有波动感。

［综合防制措施］

1. 子宫冲洗法

用0.1%高锰酸钾或0.02%新洁尔灭、生理盐水等冲洗子宫。冲洗时，应注意小剂量反复冲洗，直至冲洗液透明，在充分排出冲洗液后，向子宫内注入方通益母生化合剂。当子宫颈收缩不易通过时可注射雌激素。

慢性子宫内膜炎1次注入冲洗液的量以100mL左右为宜，过多会引起子宫迟缓。以生理盐水冲洗，冲洗液排出后将氨苄西林钠粉针（方通泰宁）和益母生化合剂注入子宫。

当患牛全身症状明显时，用双丁注射液（方通汝健）和盐酸头孢噻呋注射液（方通倍健），肌内注射，每天 1 次，连用 3～5 天。

2. 药液注入法

在冲洗子宫之后（但当子宫内分泌物不多时可不冲洗子宫），向子宫内注入抗菌消炎剂。

［用药方案］

方案一：双丁注射液（方通汝健）和盐酸头孢噻呋注射液（方通倍健），肌内注射，每天 1 次，连用 2～3 天。

方案二：头孢氨苄注射液配合双黄连注射液（方通流洋康泰），分别肌内注射，每天 1 次，连用 3～5 天。

方案三：双丁注射液（方通汝健）配合普鲁卡因青霉素注射液（方通精长），分别肌内注射，每天 1 次，连续使用 3～5 天。

同时，口服万乳康颗粒和氟尼辛葡甲胺颗粒（方通热迪）或荆防解毒散（方通毒治），效果更佳。

第十一节　前胃弛缓

前胃弛缓是在各种不良因素（如饲料突变、劳役过度、长途驱赶、继发性感染等）的影响下，引起胃蠕动机能紊乱，或瘤胃内微生物区系的改变而引起的疾病。

［诊断要点］

患畜食欲不振，反刍停止或减少，精神沉郁，左侧肷窝凹陷或平坦，触之瘤胃蠕动次数减少；触压瘤胃中部区形成凹陷，久不平复，呈面团状。

［综合防制措施］

（1）及时消除病因，加强饲养管理，避免劳役过度，禁喂品质不良、冰冻饲料及饮冰冷雪水。

（2）氯化氨甲酰甲胆碱注射液（方通不弛）和维生素 B_1 注射液（方通长维舒），分别注射，每天 1 次，连用 2 天。

（3）碳酸氢钠片，每头牛口服 10～30g，每天 1 次，连用 2～3 天。

（4）喂服复合 B 族维生素可溶性粉（方通氨唯多）、口服补液盐和反刍灵散，或中药煎汁口服：党参、白术、陈皮、木香各 30g，麦芽、健曲、生姜各 90g，每天 1 剂，连用 2～3 天。

第十二节 瘤胃积食

瘤胃积食是由于长期而又大量饲喂粗纤维饲料或饲喂过多的精饲料导致瘤胃充满异常多量的食物，导致瘤胃体积增大超过正常容积，从而影响反刍动物正常生理机能的一种常见疾病。

［诊断要点］

（1）患畜有大量采食粗纤维或精饲料的病史。

（2）患畜食欲废绝，反刍停止，鼻镜干燥，不愿行走，呻吟、踢腹和肌肉震颤；腹围增大，触诊瘤胃似捏粉样，硬固，压迫瘤胃出现陷窝消失较慢；听诊瘤胃几乎无蠕动音。重症病牛迅速衰弱、脱水、四肢颤抖、运步无力、发生酸中毒时呈昏迷状。

［综合防制措施］

（1）加强饲养管理，合理搭配饲料，防止过食精料或粗饲料。

（2）治疗：加强瘤胃收缩，促进胃排空能力，防止酸中毒，常用轻泻和补液疗法。如硫酸镁 500g，苏打粉 100g，加水灌服。同时结合补液，葡萄糖生理盐水 2 000～4 000mL，25%葡萄糖液 500mL，5%碳酸氢钠液 500～1 000mL，安钠加 2g，1 次静脉滴注。

(3) 氯化氨甲酰甲胆碱注射液（方通不弛）和维生素 B_1 注射液（方通长维舒），分别皮下或肌内注射，每天 1 次，连用 2 天。

同时，喂服复合 B 族维生素可溶性粉（方通氨唯多）、口服补液盐和反刍灵散。

第十三节　瘤胃臌胀

瘤胃臌胀是反刍动物采食了大量易发酵的饲料或牧草，在瘤胃内发酵，产生大量气体，以致瘤胃和网胃迅速扩张的疾病。临床上以呼吸极度困难，腹围急剧膨大为特征。牛和绵羊较多发生，其次是山羊。

［诊断要点］

1. 发生原因

(1) 原发性瘤胃臌胀：多发生于采食了大量易发酵饲料，如新鲜豆科牧草，块根科，糟粕饲料和冰冻、带霜雪、露水的饲料及霉变饲料等。

(2) 继发性瘤胃臌胀：主要是由于前胃机能减弱，嗳气机能障碍，多见于前胃弛缓、食道阻塞、腹膜炎等。

2. 临床特征

根据发生原因和病程可分为急性瘤胃臌胀和慢性瘤胃臌胀。

(1) 急性瘤胃臌胀：多为原发性瘤胃臌胀，病情一般急剧。临床表现为病初举止不安，精神抑郁，结膜充血，角膜周围血管扩张，不断起卧，回头望腹，腹部臌胀，瘤胃收缩先增强，后减弱或消失，左侧肷窝凸出，腹部紧张而有弹性，叩诊呈鼓音。随着瘤胃臌气和扩张，膈肌受压迫，呼吸急促而困难，甚至头颈伸展、张口伸舌呼吸、呼吸次数增加、呼吸极度困难；心悸，脉搏增快，后期心力衰竭，病情危急。泡沫性臌气，常见有泡沫状唾液从口腔中喷出或呕出。病后期，心力衰竭，血液循环障碍，静脉怒张，呼吸困难，黏膜发绀，目光恐惧，出汗，站立不稳，步态蹒跚，往往突然倒地、痉挛、抽搐，陷于窒息和心脏麻痹状态。

（2）慢性瘤胃臌胀：多为继发性因素引起，病程迟缓，瘤胃中度膨胀，常在采食或饮水后反复发作。穿刺排气后，又会发生膨胀，瘤胃蠕动正常或减弱，病情一般发展缓慢，食欲、反刍减退，逐渐消瘦，生产性能降低。

［综合防制措施］

按照“急则治其标，缓则治其本”的原则，根据臌胀程度的不同，采取排气、制酵消沫、健胃消导等相应的治疗措施。通过投药使臌气降至最低，避免进行瘤胃切开术，即使是高度的泡沫性发酵，口服或注射降低泡沫表面张力的消泡剂和制止瘤胃内容物发酵的制酵剂于瘤胃中，在几分钟之内制止泡沫进一步形成和使已形成的泡沫破裂产生气体，通过嗳气、或用胃管、或用套管针的方式排出，达到治标的目的。

［用药方案］

由于瘤胃臌气的病情来势凶猛，故治疗贵在及时。根据臌胀的不同程度，采取排气、制酵消沫、健胃消导的治疗方法。

方案一：食盐25g（或植物油100mL或酒、醋各50mL，芒硝120g），加温水适量灌服。

方案二：鱼石脂25g，95%乙醇30～50mL，聚甲基硅油4g，加适量温水内服，制酵消沫。

方案三：莱菔子90g、芒硝120g、大黄45g、滑石60g磨为细末，加醋500mL、食油500mL调匀灌服，健胃消导。

以上剂量均为成年牛的用药量，犊牛、羊的用量为此剂量的

1/3。在气体消除以后，3 天内停喂精料，只给少量清洁的干草。

第十四节　羊梭菌性疾病

羊梭菌性疾病是由梭状芽孢杆菌属中微生物所致的一类疾病，临床上根据病源和致病羊的年龄分为羊快疫、羊肠毒血症、羊猝狙、羊黑疫和羔羊痢疾等五种。这一类疾病在临床上有不少相似之处，容易混淆，都能造成急性死亡，对养羊业危害很大。

［诊断要点］

1. 羊快疫

是由腐败梭菌引起绵羊的一种急性病，其特征是发病突然，病程短促，真胃黏膜呈出血性坏死性炎症。

（1）流行特点：主要发生于绵羊，山羊少见，多发生在 6 月龄至 2 岁间。一般多在秋、冬和初春气候突变、阴雨连绵之际或采食冰冻草料后发生。

（2）临床特征：发病突然，病程极短；病程稍长者，精神沉郁，离群独处，不愿行走或运动失调。口内排带泡沫样的血样唾液，腹部胀满，有腹痛症状。有的病羊在临死前因结膜充血而呈“红眼”。体温表现不一，有的正常，有的体温升高至 41.5℃左右。病羊最后极度衰竭，昏迷，磨牙，常在 24h 内死亡。

（3）病理变化：主要病变为真胃黏膜有大小不等的出血斑和表面坏死，黏膜下层水肿。胸腔、腹腔、心包大量积液，心内外膜有点状出血。肝脏肿大、质脆，胆囊胀大。如未及时剖检，可因迅速腐败出现其他病变。

2. 羊肠毒血症

羊肠毒血症是由 D 型魏氏梭菌引起的绵羊的一种急性传染病，其临床症状与羊快疫相似，故又称为“类快疫”。病理特征为肾组织多半软化，故又称“软肾病”。

（1）流行特点：本病主要发生于绵羊，以1岁左右和肥胖的羊多发，山羊较少发病。常发生于春末至秋季，多见于采食大量青绿多汁饲料后。气候突变、缺乏运动可促进发病。本病多呈散发。

（2）临床特征：本病的特点为突然发作，很少能见到症状，或在看出症状后很快倒毙。有的病羊抽搐、四肢强烈划动、眼球转动、磨牙、口涎增多，随后头颈抽搐，常于2～4h内死亡。有的病羊昏迷、步态不稳、角膜反射消失，有的伴发腹泻，排黑色或深绿色稀便，往往在3～4h内静静死去。

（3）病理变化：主要病变在肾脏和小肠，肾脏表面充血，实质松软如泥，稍压即碎。小肠充血、出血，致整个肠壁呈血红色，有的可见有溃疡。胸腔、腹腔和心包液增多。

3. 羊猝狙

是由C型魏氏梭菌引起的绵羊的一种毒血症，又称羊猝疫，临床上以急性死亡，腹膜炎和溃疡性肠炎为特征。

（1）流行特点：本病发生于成年绵羊，以1～2岁者发病多，多发于冬、春季节，常呈地方性流行。

（2）临床特征：病程短促，常未见症状即突然死亡。病程稍长者可见掉群、卧地、不安、衰弱和痉挛，常在数小时内死去。

（3）病理变化：主要见于消化道和循环系统。十二指肠和空肠黏膜严重出血、糜烂，有的可见大小不等溃疡。胸腔、腹腔和心包内大量积液，暴露于空气后形成纤维素性絮状凝块，浆膜上有小点出血。

4. 羊黑疫

是由B型诺维氏梭菌引起的羊传染性坏死性肝炎，是绵阳和山羊的一种急性高度致死性毒血症，临床上以肝实质坏死病灶为特征。

（1）流行特点：多发于1岁以上的绵羊及2～4岁的肥胖羊，山羊与牛也可感染。主要在春夏发生于肝片吸虫流行的低洼潮湿地区。

（2）临床特征：病程急促，绝大多数未见症状即突然死亡。病程稍长者可拖延 1～2 天，但没有超过 3 天的。病羊掉群，不食，呼吸困难，流涎，体温升高至 41.5℃，最后昏睡呈俯卧状死去。

（3）病理变化：特征性病变是肝坏死、充血肿胀、表面有数个凝固性坏死灶。病羊的四个蹄部皮肤呈暗黑色，胸腔、腹腔和心包内大量积液。

［综合防制措施］

（1）加强饲养管理，消除一切致病因素；及时隔离病羊，对症治疗，严重的要转移牧地，到干燥地区放牧，用氯氰碘柳胺钠注射液（方通肝虫净）肌注或口服硫双二氯酚片，控制肝片吸虫的感染。病死羊销毁或掩埋，不得利用。

（2）对于常发地区，每年定期接种羊快疫、羊猝狙、羊肠毒血症三联菌苗或羊快疫、羊猝狙、羊肠毒血症、羊黑疫、羔羊痢疾五联菌苗。本病以预防为主，发病时应将病羊隔离

（3）消毒隔离，用戊二醛癸甲溴铵溶液（方通无迪）按 1∶1 000兑水喷雾或泼洒圈舍、用具等。

［用药方案］

主要防治继发感染，常用的方法有：

方案一：青霉素钾粉针（方通美林）和银黄提取物注射液（方通流洋多太），肌内注射，每天 1 次，连用 2～3 天。

方案二：乙酰甲喹注射液（方通泄毒康）和头孢氨苄混悬液，分别肌内注射，每天 1 次，连用 3 天。

第十五节　羊链球菌病

羊链球菌病是由溶血性链球菌所引起的一种急性热性败血性的传染病，主要发生于绵羊。其特征为颌下淋巴结和咽喉肿胀，各脏

器出血，大叶性肺炎，胆囊肿大。

［诊断要点］

1. 流行特点

本病主要危害绵羊，山羊少有发生。多发生于冬季寒冷季节，天气越寒冷，气候急剧变化和大风雪天气，发病率和死亡率越高。病羊和带菌羊是本病的主要传染源，主要通过呼吸道排菌，健康羊通过呼吸道传染，还可经过与损伤的皮肤接触等途径感染发病。

2. 临床特征

突然发病，病羊食欲减少或废绝，反刍停止，病初体温升高至41～42℃。精神沉郁，卧地不起。鼻黏膜红肿，流出浆液性或脓性鼻液，流涎呈泡沫状。眼结膜充血、流泪，后期流出脓性分泌物。眼睑及唇颊肿胀，流涎，呼吸困难、浅而急促，有的高达50次/min左右，咽喉部及颌下淋巴结明显肿大。部分羊粪便松软，带黏液或血液。引起脑炎时具有神经症状，磨牙、呻吟和抽搐。

3. 病理变化

病死羊各脏器广泛出血，淋巴结肿大。鼻腔、咽喉、气管黏膜出血。肺水肿、气肿和出血，肝变性坏死，有的与胸壁粘连。胸腹腔和心包积液增多。肝、脾肿大，胆囊肿大较显著。脑膜水肿、充血和出血，脑室积有混浊的液体。

［综合防制措施］

1. 加强检疫，做好产地检疫和引种检疫，防止疫病传入非疫区；加强饲养管理，做好冬春补饲和保暖防寒工作，提高畜群的抵抗力；引种羊在到达引种地后，要隔离饲养一段时间，待其适应后方能合群。

2. 畜群发病后要严格进行封锁、隔离，对病尸进行无害化处理，污染环境和用具用戊二醛癸甲溴铵溶液（方通无迪）按（1：

1 000）的比例彻底消毒；粪便、垫料要堆积发酵处理。

3. 对疾病流行的区域，用羊链球菌氢氧化铝甲醛灭活苗进行预防接种，平时可采用中药进行预防保健。

［用药方案］

方案一：复方磺胺间甲氧嘧啶钠注射液（方通精典）配合头孢噻呋钠粉针（方通雪独精典 A+B），肌内注射，每天 1 次，连用 2～3 天。

方案二：盐酸沙拉沙星注射液（方通镇坡宁）稀释头孢噻呋钠粉针（方通雪独精典 A+B）或配合盐酸头孢噻呋注射液（方通倍健），肌内注射，每天 1～2 次，连用 2～3 天。

方案三：双黄连注射液（方通流洋康泰）配合头孢氨苄注射液，分别肌内注射，每天 1 次，连用 2～3 天。

第十六节　羔羊痢疾

羔羊痢疾是由梭菌引起初生羊的一种急性毒血症，以剧烈腹泻和小肠发生溃疡为特征。

［诊断要点］

1. 流行特点

本病主要危害 7 日龄以内的羔羊，以 2～3 日龄的发病最多，7 日龄以上较少发病。纯种细毛羊发病率和致死率最高，土种羊抵抗力最强。气候最冷或变化较大月份，易促使本病发生。

2. 临床特征

潜伏期 1～2 天。病初精神萎靡，不吮奶，随即发生腹泻。粪便由粥状很快转为水样，黄白色或灰白色，恶臭，后期便中带血，甚至成血便。病羊逐渐衰弱，卧地不起。有的腹胀不下痢或只排少量稀粪，主要表现为神经症状，低头拱背，不想吃乳，四肢瘫软，卧地不起，呼吸急促，口吐白沫，最后昏迷，角弓反张，体温下降，几小时至十几小时内死亡。

3. 病理变化

主要病变在消化道。小肠特别是回肠黏膜充血，并有1～2mm的溃疡，有的肠内容物呈血色，肠系膜淋巴结肿胀充血、出血。

［综合防制措施］

（1）加强母羊和羔羊饲养管理，抓好母羊膘情，避免在寒冷季节产羔。对羔羊合理哺乳，避免饥饱不均。

（2）每年秋季定期接种羔羊痢疾疫苗或“羊快疫、羊猝狙、羊肠毒血症、羊黑疫、羔羊痢疾”五联苗，怀孕羊在产前2～3周再接种1次。

（3）及时隔离病羔或及时搬圈，用戊二醛癸甲溴铵溶液（方通无迪）按1∶1 000兑水对圈舍、用具和设施消毒。

（4）羔羊出生后12h内，深部肌内注射土霉素注射液（方通长征），每天1次，连用3天，有较好的预防效果。

［用药方案］

方案一：金根注射液配合头孢噻呋钠粉针（方通利肿炎独宁A+B），肌内注射，每天2次，连用2天。

方案二：恩诺沙星注射液配合阿莫西林钠粉针（方通热雪多太），肌内注射，每天1次，连用3天。

以上用药的同时，如配合磺胺胍0.5g，鞣酸蛋白0.2g，次硝酸铋0.2g，重碳酸钠0.2g加水灌服，每天3次，效果更好。

第十七节　羊棒状杆菌病

羊棒状杆菌病是由棒状杆菌属细菌所引起羊多种表现形式的一类疾病的总称。

［诊断要点］

1. 化脓棒状杆菌感染

伴有结缔组织增生的慢性化脓性肺炎、关节炎的病灶内，常检出此菌。羔羊咽喉脓肿，致死率很高，通常是饲喂大麦之类的饲料损伤黏膜、感染本菌引起。

2. 假结核棒状杆菌感染

（1）表现为绵羊干酪性淋巴结炎，起初局部炎症，后波及邻近淋巴结缓慢增大和化脓，以肩前、股后淋巴结常见。病羊逐渐消瘦、衰弱、呼吸加快，时有咳嗽，最后病情加重衰竭死亡。

（2）奶山羊以头部和颈部淋巴结炎症较多见，肩前、股前和乳房等淋巴结炎症较少。

［用药方案］

方案一：复方磺胺嘧啶钠注射液（方通立克）肌内注射，同时用四季青注射液（方通热效）稀释青霉素钾粉针（方通美林）于另一侧肌内注射，每天 2 次，连用 2～3 天。

方案二：头孢氨苄注射液或盐酸头孢噻呋注射液（方通倍健）配合复方磺胺间甲氧嘧啶钠注射液（方通金顶），分别肌内注射，每天 1 次，连用 3 天。

方案三：盐酸沙拉沙星注射液（方通炎热克）配合盐酸头孢噻呋注射液（方通倍健），肌内注射，每天 2 次，连用 2～3 天。

本病由于脓肿包裹较厚，药物不易进入，治疗时须配合外科手术治疗切除脓肿壁，或对结节、溃疡用碘甘油（方通喷点康）消毒后，再用普鲁卡因青霉素注射液（方通精长）或头孢氨苄注射液涂抹在患部。

第十八节　山羊传染性胸膜肺炎

山羊传染性胸膜肺炎又称为羊烂肺病，是由羊支原体引起山羊的一种接触性呼吸道传染病。其临床特征主要呈现纤维素性肺炎和胸膜炎症状。

［诊断要点］

1. 流行特点

本病仅见于山羊，尤以 3 岁以下的奶山羊最易感。本病常呈地方性流行，多发生在山区和草原。主要见于冬季和春季枯草季节，寒冷潮湿，阴雨绵绵，羊群密集，营养不良等因素可促进本病流行。

2. 临床特征

潜伏期短者 5～6 天，长者 3～4 周，急性病例发展迅速。病羊高热，可达 41～42℃，精神沉郁，食欲废绝。不久出现呼吸困难、湿咳，流浆液性或黏液性或铁锈色鼻液；继之出现胸膜炎变化，按压胸壁敏感疼痛。有的病羊眼睑肿胀、流泪或出现黏液脓性眼屎。怀孕羊发病后容易流产并多在 7～10 天死亡，濒死期体温降至常温以下。未死亡者转为慢性，慢性症状不明显，仅表现消瘦，间歇咳嗽或腹泻。

3. 病理变化

主要病变在胸腔，多见一侧性纤维素性肺炎，胸膜增厚、粗糙乃至粘连，胸腔内积有多量含纤维蛋白凝块液体。病程长者，肺形成肝变、实变、肺泡消失，灰白色，有的有包囊形成坏死和脓肿。

［综合防制措施］

（1）本病常发地区用山羊传染性胸膜肺炎氢氧化铝灭活苗免疫，在 15～20 日龄首免，35～50 日龄二免，90～100 日龄三免，以后每 3～4 个月免疫一次。

（2）加强饲养管理，做好清洁和消毒工作，可用戊二醛癸甲溴铵溶液（方通无迪）（1∶1 000）对场地、用具和设施进行消毒，防止引入病羊和带菌羊，新引进羊须隔离检疫 1 个月以上，确认健康后方可混群饲养。发生疫情后，及时隔离、治疗，对健康羊群可进行紧急接种，对污染的场地、器具、设施和病羊尸体进行彻底消毒。

［用药方案］

方案一：氟苯尼考注射液（方通红皮烂肺康）配合土霉素注射液（方通长征），分别肌内注射，每天1次，连用3～5天。

方案二：硫酸卡那霉素注射液（方通必洛克）稀释酒石酸泰乐菌素粉针（方通泰克），肌内注射，每天1次，连用3～5天。

方案三：泰乐菌素注射液（必洛星-200）配合盐酸沙拉沙星注射液（方通热迪），肌内注射，每天1次，连用3～5天。

在应用以上方案的同时，配合清肺颗粒，芪贞增免颗粒和二氢吡啶预混剂（方通优生太）拌料或饮水，效果更佳。

第十九节　羊 口 疮

羊口疮是由羊口疮病毒引起绵羊和山羊的一种急性高接触性传染病。

［诊断要点］

1. 流行特点

本病多发于春秋两季，3～6月龄羊最易感，成年羊也可感染，但发病较少，呈散发性流行。病羊和带毒羊是主要传染源。健康羊主要通过受伤的皮肤和黏膜感染发病。

2. 临床症状

（1）唇型：病羊在口角或上唇，有时在鼻镜上发生红斑，后变水疱或脓疱，溃烂后形成橘黄色或棕色的硬痂，良性时痂垢增厚、脱落而恢复正常。严重的继续发生丘疹、水疱、脓疱、痂垢，嘴唇肿大外翻，严重影响采食，衰弱而死（见附录图十八）。

（2）蹄型：仅侵害绵羊，常在蹄叉、蹄冠或系部皮肤形成水疱或脓疱，破裂后形成由脓液覆盖的溃疡。病羊跛行，长期卧地。

（3）外阴型：有黏性和脓性阴道分泌物，在肿胀的阴唇和附近的皮肤上有溃疡。乳房和乳头的皮肤发生脓疱、烂斑和痂垢。公羊阴鞘肿胀，阴鞘口和阴茎上发生小脓疱和溃疡。

［综合防制措施］

（1）保护黏膜、皮肤不受损伤，饲料和垫草应尽量挑出芒刺，加喂适量食盐；不要从疫区引进羊及其产品，对引进的羊隔离观察半月以上，确认无病后再混群饲养

（2）发病时，可用戊二醛癸甲溴铵溶液（方通消可灭）按1∶1 000稀释后进行污染环境的消毒，特别是圈舍用具、病羊体表和蹄部的消毒。

（3）在本病流行地区，用羊口疮弱毒疫苗进行免疫接种。每只羊口腔黏膜内注射0.2mL，以注射处出现一个透明发亮的小水疱为准。也可把病羊口唇部的痂皮取下，研成粉末，用5%的甘油生理盐水稀释成1%的溶液，对未发病羊做皮肤划痕接种，经过10天左右即可以产生免疫力，对预防本病有良好效果。

［用药方案］

方案一：黄芪多糖注射液（方通抗毒）配合头孢氨苄注射液，肌内注射，每天1次，连续使用3～5天。

方案二：盐酸沙拉沙星注射液（方通热迪）稀释青霉素钾粉针（方通美林），肌内注射，每天2次，连续3～5天。

方案三：四季青注射液（方通口独康）配合恩诺沙星注射液，肌内注射，每天2次，连续3～5天。

注：局部用碘甘油（方通喷点康）喷于患处清洁消毒，并于患部涂擦普鲁卡因青霉素注射液（方通精长）和地塞米松磷酸钠注射液（方通血热宁），效果更佳。

第二十节 羊 痘

痘疮，简称痘，是由痘病毒引起畜禽、野生动物和人共患的一种热性、急性、接触性传染病。其临床特征是在皮肤、黏膜上出现斑疹、丘疹、水疱、脓疱，各种家畜家禽均易感，其中羊、鸡发病率最高，属常见古老病症之一。

病原及传播途径：猪、牛、羊、兔、禽痘的病源分别为痘病毒科的不同病毒属的病毒，痘病毒大小及感染对象上有差异，但共性是耐冷不耐热，对光和消毒剂敏感。紫外线、阳光直射、0.5%福尔马林、3%石炭酸和聚维酮碘消毒液（如方通典净）均易将其杀灭。

羊痘是由痘病毒引起的急性发热性传染病，有绵羊痘和山羊痘，其特征是皮肤和黏膜上发生特殊的痘疹和疱疹。

一、绵羊痘病

绵羊痘病有典型的病理过程，在病羊皮肤和黏膜上发生特异的痘疹。

［诊断要点］

（1）病羊体温升高达41～42℃，食欲减少，精神不振，结膜潮红，有浆液、黏液或脓性分泌物从鼻孔流出。

（2）皮肤无毛或少毛部分，如眼周围、唇、鼻、颊、四肢和尾内面出现痘疹。阴唇、乳房、阴囊和包皮上，开始为红斑，1～2天后形成丘疹，突出于皮肤表面，随后形成结节、水疱。

（3）剖检可见前胃或第四胃黏膜上，往往有大小不等的圆形或半球形坚实的结节，单个或融合存在，有的病例还形成糜烂或溃疡。咽喉和支气管黏膜亦常有痘疹。

［综合防制措施］

（1）加强饲养管理，抓好秋膘，特别是冬春季适当补饲，注意防寒过冬。定期用戊二醛癸甲溴铵溶液（方通消可灭）或稀戊二醛溶液（方通全佳洁）按 1∶1 000 兑水泼洒或喷雾圈舍、用具与环境。

（2）对绵羊痘常发地区的羊群，每年定期预防接种，每只羊在尾部或股内侧皮内注射羊痘鸡胚化弱毒疫苗 0.5mL，免疫期一年。

（3）一旦发病，对病羊隔离、封锁和消毒，病死羊的尸体应深埋，防止散毒。

（4）名贵羊患病后应迅速隔离，紧急接种疫苗，无论羊的大小，每只皮下注射疫苗 0.5mL，4～6 天产生免疫力。

［用药方案］

方案一：黄芪多糖注射液（方通抗毒）配合青霉素钾粉针（方通美林），肌内注射，每天 1 次，连用 3 天。

方案二：四季青注射液（方通独特）直接稀释阿莫西林钠粉针（方通口蓝圆毒慷 A+B），肌内注射，每天 1 次，连用 3～5 天。

二、山羊痘

山羊痘病是由山羊痘病毒引起的一种传染病，临床上以皮肤和黏膜上形成痘疹。山羊痘只感染山羊，同群绵羊不受感染。

［诊断要点］

（1）病羊体温升高达 41～42℃，精神不振，食欲减退，并伴有可视黏膜卡他性、化脓性炎症。

（2）痘疹多发于皮肤、黏膜无毛或少毛部位，如眼周围、唇、鼻、颊、阴唇、乳房、阴囊及包皮上。痘疹开始为红斑，1～2 天后形成丘疹。结节在 2～3 天内变为水疱或脓疱。

(3) 非典型病例一般发展到红疹期而终止，即“顿挫型”经过。

(4) 剖检见前胃和真胃有大小不等的圆形或半球形坚实结节，单个或融合存在，严重者形成糜烂或溃疡。

[综合防制措施]

(1) 加强饲养管理，严格把握好引种，不从疫区引进羊或购入饲料、畜产品。

(2) 保护羊的皮肤、黏膜不受损伤。流行区用山羊痘弱毒疫苗每只皮下注射 0.5～1mL，免疫期 1 年。

(3) 病羊隔离，用疫苗紧急接种，每只羊皮下注射 0.5～1mL，5～7 天产生免疫力。同时用碘甘油（方通喷点康）冲洗羊破溃水疱处进行清洁消毒，用聚维酮碘溶液（方通典净）对环境和圈舍消毒。

[用药方案]

方案一：黄芪多糖注射液（方通抗毒）配合青霉素钾粉针（方通美林），肌内注射，每天 1 次，连用 3 天。

方案二：四季青注射液（方通独特）直接稀释阿莫西林钠粉针（方通口蓝圆毒慷 A+B），肌内注射，每天 1 次，连用 3～5 天。

揭去痘痂后用聚维酮碘消毒液（方通典净）或碘甘油溶液（方通喷点康）冲洗清洁表面，配合普鲁卡因青霉素注射液（方通精长）涂抹，效果更好。

第二十一节　产后综合征

一、产后垂脱

主要是产后虚弱，阴道或子宫平滑肌松弛，腹压增高或努责过强所致。表现不安，子宫或阴道脱离正常位置，阴道常呈圆柱形暴露于外。

［综合防制措施］

（1）手术复位、缝合。

（2）盐酸沙拉沙星注射液（方通热迪）稀释氨苄西林钠粉针（方通泰宁），肌内注射，每天1次，连用3天。

（3）中药固本培元，补中益气。可用加味补中益气汤：党参、白术、炙黄芪、陈皮、蜜升麻各60g，当归、熟地、大枣各45g，蜜柴胡、炙甘草各30g，生姜20g。研末，开水冲，室温服。每天1剂，连用3～4天。

在应用以上方案之一时，再口服益母生化合剂、芪贞增免颗粒和维生素C可溶性，效果更佳。

二、产道损伤和子宫炎

主要是生产时产道损伤或感染细菌所致，常表现为病畜体温升高，精神萎靡，产道发炎、肿胀，流出白带或红带。

［综合防制措施］

（1）可用0.02%～0.05%高锰酸钾或0.05%聚维酮碘溶液（方通典净）冲洗产道，冲洗液要轮流使用，冲洗干净后在产道投入益母生化合剂。每天冲洗1次，三天为1个疗程。

（2）双丁注射液（方通汝健）配合头孢氨苄注射液，肌内注射，每天1次，连用3天。

在应用以上方案之一时，再口服阿莫西林可溶性粉（方通阿莫欣粉）、芪贞增免颗粒和口服补液盐，效果更佳。

三、产后瘫痪

产后瘫痪的主要原因是产后贫血、缺钙、风湿所致，也可是由细菌等病原引起。表现为病畜后肢拖地，甚至卧地，不能站立。

［综合防制措施］

(1) 强心、补钙、补血　氟尼辛葡甲胺注射液（方通速解宁），维生素 D_3注射液，分别肌内注射，再配合葡萄糖酸钙注射液输液或静脉注射。

(2) 口服二氢吡啶预混剂（方通优生太）、芪贞增免颗粒和口服补液盐，效果更佳。

第二十二节　牛、羊、猪、鸡、犬、兔螨病

本病有疥螨病和蠕形螨病之分。螨虫寄生于动物的皮内，常引起痒痛和皮肤痂块。

［诊断要点］

1. 猪螨病

猪的螨病有疥螨病和蠕形螨病两种。

(1) 猪疥螨病：病猪面部发痒，患病皮肤发炎，红肿，出现针头大小的结节，随后出现小水泡或脓疮，破溃后流出黄白色液体或血液、脓液，干涸后形成痂皮。严重者被毛脱落，皮肤增厚、粗糙，形成皱褶甚至龟裂。

(2) 猪蠕形螨病：病猪痛痒轻微或无痒感。患部出现针头大到米粒大的白色结节或脓疮，皮肤增厚，不洁，凹凸不平，被覆皮屑，并发出皱裂。严重时，脓疮可能相互融合，破溃后流出脓液，干涸后形成脓血痂。

2. 牛、羊螨病

牛、羊的螨病常由疥螨、痒螨或蠕形螨寄生于牛、羊引起慢性接触性疾病，出现皮肤泛红，瘙痒不安，结痂起壳，继发感染化脓，可造成牛、羊大批死亡。

(1) 疥螨：病畜表现为剧痒，皮肤变厚、结痂、脱毛和消瘦，

可能寄生于面部、颈部甚至全身。羊疥螨主要在头面部；绵羊疥螨多发于背部、臀部然后波及全身，呈现污秽不洁，后期形成白色坚硬胶皮样痂皮；山羊严重时口唇皲裂、采食困难。

（2）痒螨病：牛、羊全身奇痒，摩擦患部形成薄纸样痂皮，表面平整，一端微翘，而另一端紧贴皮肤，绵羊螨病危害最为严重，奇痒，摩擦，羊毛脱落，重者全身脱毛。患部形成黄色痂皮。

（3）蠕形螨病：患部形成针头大到核桃大的疥疖，内含粉状物或脓状物及虫体。

3. 鸡螨病

鸡的螨病常有膝螨病和刺皮螨病。

（1）膝螨病：螨寄生于鸡腿上的无羽毛处及脚趾，往往形成“石灰脚样”病变，患肢发痒；有的寄生于皮肤羽毛根部，鸡由于痒痛啄拔身上的皮肤，致使羽毛几乎全部脱光。

（2）刺皮螨病：病鸡发痒，常啄痒处，使鸡日渐消瘦、贫血。

4. 犬、猫螨病

犬、猫螨病常有疥螨病、痒螨病。患部剧痒，脱毛，结成结节，皮肤增厚，皱褶、形成痂皮和鳞屑。

5. 兔螨病

病兔剧痒，常用脚搔嘴、鼻解痒，在皮肤表面形成疮疥、结痂、脱毛，皮肤增厚、皲裂，若螨虫寄生在兔耳部，常引起兔摇头不止，食欲不振，最后衰竭死亡。

［防制措施］

应用杀虫脒（氯苯脒）、双甲脒，拟除虫菊酯类杀虫剂药浴，间隔3～5天用药1次。

［用药方案］

方案一：阿维菌素粉（方通驱倍健），猪、牛、羊及大中动物按100～200kg体重用一包。

方案二：阿苯哒唑伊维菌素片（方通刹虫亡片），猪、牛、羊及大中动物30～50kg体重一次一片。

方案三：伊维菌素注射液（方通虫退）：猪，0.03mL/kg（体重），皮下注射；牛、羊、犬、猫、兔或禽，0.02mL/kg（体重）；皮下注射，或以0.02～0.025mL/kg（体重）进行口服。

临床症状特别严重者，间隔5～7天后重复用药1次，但绵羊慎用。化脓感染者，选用黄芪多糖注射液（方通抗毒）和头孢氨苄注射液，分别肌内注射，控制继发感染。

第四章 家禽常见病的防制与用药方案

第一节 鸡新城疫

鸡新城疫又称亚洲鸡瘟，是由副黏病毒科的新城疫病毒引起鸡的一种急性、高度接触性、烈性传染病。鸡新城疫只有一个血清型，但基因型较多，传播快，死亡率高，是目前危害养鸡业最严重的疾病之一。本病以呼吸困难、有特殊的“咕噜”声，口鼻中有大量黏液，下痢，麻痹和神经症状及产蛋急剧下降等为特征，剖解以全身浆膜黏膜出血，腺胃乳头小点出血，胸腺、盲肠、扁桃体、泄殖腔等消化道黏膜出血和坏死为特征。

［诊断要点］

1. 流行特点

一年四季均可发生，特别是在初春、秋冬季节变换时易发，以鸡最易感，鸽也可感染发病。病死鸡是本病的主要传染源，健康鸡通过呼吸道、眼结膜以及消化道感染发病。本病潜伏期短，一般为3～5天，雏鸡发病比成年鸡严重。

2. 临床特征

病鸡体温升高达43～44.5℃，精神不振，离群呆立，羽毛松乱，缩颈闭眼。呼吸困难，伸颈，时有喘鸣和咯咯声，有吞咽动作。肉冠和肉垂发绀、倒冠、冠尖出血，坏死。病鸡嘴角流涎，常有甩头动作，倒提时从口内流出大量淡黄色酸臭黏液性液体，采食下降或废绝，下痢，粪便呈黄绿色或白色水样。部分鸡出现脚、翼麻痹、瘫痪。后期出现头颈扭曲、震颤、头点地、转圈等神经症状。蛋鸡产蛋下降，产褪色蛋、薄壳蛋、软蛋。

3. 病理变化

（1）病死鸡皮肤干燥，脱水。内脏浆膜、黏膜出血，心冠脂肪、腹部脂肪有出血点或出血斑。

（2）口咽部蓄积黏液，嗉囊内充满酸臭、浑浊的液体。胸腺肿大，有暗红色点状出血。

（3）气管黏膜充血、出血、有黏液。肾脏肿大、瘀血。

（4）腺胃肿胀，腺胃乳头小点出血、溃疡，腺胃与食道、肌胃交界处黏膜肿胀，有条状出血或溃疡。

（5）十二指肠及小肠黏膜有出血和溃疡，在不同肠段，特别是盲肠扁桃体形成岛屿状或枣核状坏死溃疡病灶，溃疡灶表面覆有黄色或灰绿色纤维素伪膜。

（6）产蛋鸡卵泡变形、肿胀、充血、出血，易破裂。

［综合防制措施］

本病有新城疫Ⅰ、Ⅱ、Ⅲ、Ⅳ系苗以及克隆苗，还有新城疫灭活油乳剂苗，其中灭活油乳剂苗有不受抗体水平的影响，安全，免疫效果好等优点，广泛用于规模化鸡场，可有效防止非典型新城疫的发生。一旦鸡群发生该病，则采取：

（1）健康鸡和可疑健康鸡进行紧急免疫接种。

（2）病鸡、健康鸡和可疑健康鸡用复合B族维生素可溶性粉（方通氨唯多）、二氢吡啶预混剂（方通优生太）和茵芪解毒颗粒（方通毒林颗粒），兑水饮用，可增强机体的抵抗能力。

［用药方案］

茵芪解毒颗粒（方通毒林）、复合B族维生素可溶性粉（方通氨唯多）、二氢吡啶预混剂（方通优生太）和维生素C可溶性粉加倍拌料使用，再配合卵黄抗体、高免血清或口服清瘟败毒片、白龙散（方通温独金刚），进行综合防治，有良好的预防和控制效果。

第二节　传染性法氏囊病

传染性法氏囊是由传染性法氏囊病毒引起幼鸡的一种急性、高度接触性传染病。临床表现为体温高，羽毛蓬松，腿软无力，精神不振，食欲减少，震颤和极度衰竭。本病是一种严重的免疫抑制性疾病，危害大，鸡群发病后3天开始死亡，5～7天达高峰，然后迅速下降。

［诊断要点］

1. 流行特点

主要发生于2～15周龄的鸡，3～6周龄的鸡最易感。病鸡是主要传染源，通过直接接触和间接接触传播。本病往往突然发生，传播迅速，四季均发，20～40日龄鸡最易发，通常在感染后第3天开始死亡，5～7天达到高峰，以后很快停息，表现为尖峰式死亡和迅速康复的曲线。

2. 临床特征

本病潜伏期2～3天。最初发现有些鸡啄自己的泄殖腔，病鸡羽毛蓬松，采食减少，畏寒，打堆，精神委顿，随即病鸡出现腹泻，排白色黏稠和水样稀粪，泄殖腔周围的羽毛被粪便污染。严重者以头垂地，闭眼呈昏睡状态。在后期体温低于正常，严重脱水，极度虚弱而死亡。近年来，发现由变异株感染的鸡，表现为亚临床症状，炎症反应弱，法氏囊萎缩，死亡率较低，但由于产生免疫抑制严重，而危害性更大。

3. 病理变化

（1）法氏囊病变具有特征性，可见法氏囊内黏液增多，法氏囊水肿或出血，体积增大，重量增加，比正常值重2～3倍；5天后法氏囊开始萎缩，切开后黏膜皱褶多浑浊不清，黏膜表面有点状出血或弥漫性出血。严重者法氏囊内有干酪样渗出物。

（2）肾脏不同程度肿胀，胸肌色暗和大腿侧肌肉常见条纹或斑块状紫红色出血。

（3）亚临床型感染，腺胃和肌胃交界处可见有条状出血斑。

［综合防制措施］

1. 加强饲养管理

在防制本病时，首先要注意对环境的消毒，特别是育雏室，用稀戊二醛溶液（如方通全佳洁）1∶500或5％福尔马林溶液对环境、鸡舍、用具、笼具进行喷洒，经过4～6h后，进行彻底清扫和冲洗，然后再经2～3次消毒方可使用。

2. 种鸡的免疫接种

种鸡在18～20周龄和40～42周龄2次接种传染性法氏囊病油佐剂灭活苗，可使雏鸡获得较整齐和较高的母源抗体，在2～3周龄内得到较好的保护，能防止雏鸡早期感染和免疫抑制。

3. 雏鸡的免疫接种

鸡的母源抗体只能维持一定的时间，确定弱毒疫苗首次免疫日龄很重要，目前大多应用中等毒疫苗进行免疫，首免应于12～18日龄进行，间隔10天后进行二免。

［用药方案］

（1）本病药物治疗效果不佳，主要靠疫苗防控，一旦发生时主要应用法氏囊抗体进行治疗。

（2）拌料或兑水饮用茵芪解毒颗粒（方通毒林颗粒）、复合B族维生素可溶性粉（方通氨维多）和盐酸左旋咪唑粉，配合注射黄芪多糖注射液（方通抗毒），既能有效地降低死亡率，又能提高疫苗的免疫效果。

第三节 传染性喉气管炎

传染性喉气管炎是由传染性喉气管炎病毒（疱疹病毒Ⅰ型）引起鸡的一种急性高度接触性上呼吸道传染病。其特征为呼吸困难，咳嗽，咳出带血样渗出物，喉部、气管黏膜肿胀、出血和糜烂。本病毒虽然只有1个血清型，但不同毒株间的毒力和致病性差异较大，给本病的控制带来一定难度。

［诊断要点］

1. 流行特点

鸡对本病最易感，主要发生于育成鸡和成年产蛋鸡，褐羽褐壳蛋鸡种发病较为严重。病鸡和康复后带毒鸡是本病主要传染来源，主要通过呼吸道传播。本病在鸡群发生，传播速度较快，短期内可波及全群。发病率可达90%～100%，死亡率一般在10%～20%。本病一年四季均可发生，尤以秋、冬、春季多发。

2. 临床特征

突然发病，迅速传播。病鸡突出的临床表现是呼吸极度困难，伸颈张口吸气，低头缩颈呼气，闭眼呈痛苦状。精神委顿，食欲下降或废绝，咳嗽。有的甩头，伴随剧烈咳嗽，咯出带血的黏液或血凝块。当鸡群受到惊扰时，咳嗽更为明显。喉部有灰黄色或带血的黏液，或见干酪样渗出物。本病病程15天左右，发病后10天左右鸡死亡开始减少，鸡群状况开始好转。

3. 病理变化

本病主要病理变化在喉头和气管的前半部，喉头、气管黏膜肿胀、充血、出血甚至坏死。发病初期喉头、气管可见带血的黏性分泌物或条状血凝块。中后期死亡鸡的喉头、气管黏膜附有黄白色黏液或黄色干酪样物，并在该处形成栓塞使鸡窒息而死。内脏器官无特征性病变。后期死亡鸡常见继发感染的相应病理变化，如慢性呼吸道疾病、鸡大肠杆菌病或鸡白痢等。

［综合防制措施］

从未发生过本病的鸡场可不接种疫苗，主要依靠加强饲养管理，提高鸡群健康水平和抗病能力。执行全进全出的饲养制度，严防病鸡的引入等措施。鸡场发病后可考虑将本病的疫苗接种纳入免疫程序。用鸡传染性喉气管炎弱毒苗给鸡群免疫，首免在50日龄左右，二免在首免后6周进行。

［用药方案］

方案一：延胡索酸泰妙菌素预混剂（方通必洛星）配合芪贞增免颗粒拌料或饮水，严重时再配合卵黄抗体和黄芪多糖注射液（方通抗毒）肌内注射，效果更佳。

方案二：清肺颗粒配合延胡索酸泰妙菌素预混剂（方通必洛星散），拌料或饮水。

第四节　传染性支气管炎

传染性支气管炎是由传染性支气管炎病毒（冠状病毒）引起鸡的一种急性、高度接触性呼吸道和泌尿生殖道传染病。以呼吸困难、咳嗽、气喘、拉白色带尿酸盐的稀粪，产蛋率下降和产畸形蛋等为特征。

［诊断要点］

1. 流行特点

各年龄的鸡均可感染，但以1～2月龄鸡发病较多，症状也典型。本病传播迅速，发病率可达90%，死亡率为5%～70%，其中以肾型传支死亡率较高。鸡群拥挤、通风不良、饲养管理不当和寄生虫感染等，均可促进本病的发生和传播。

2. 临床特征

(1) 呼吸道型传染性支气管炎：病鸡初期，鼻流半透明液体，结膜发炎，流眼泪，随后出现咳嗽、伸颈、喘气，高度呼吸困难，痉挛性咳嗽，病鸡食欲废绝，鸡冠发紫，有时排出绿色稀粪等症状。

(2) 肾型传染性支气管炎：主要发生于肉鸡群，病初有一过性呼吸道症状，然后表现肾型，拉白色稀粪、严重时呈水样并含有白色尿酸盐颗粒，虚弱，死亡率高。

(3) 生殖道型传染性支气管炎：蛋鸡感染后，生殖道受损，产蛋率下降，不能达到高峰期，产畸形蛋，俗称“鬼蛋”。

3. 病理变化

(1) 呼吸道型传染性支气管炎：喉头和气管黏膜充血，肿胀，附着有黏液。

(2) 肾型传染性支气管炎：肾脏肿大，输尿管、肾脏有白色尿酸盐颗粒。

(3) 生殖道型传染性支气管炎：卵巢卵子不发育，萎缩，输卵管萎缩，在卵巢和输卵管处常有半透明的囊状水疱。

[综合防制措施]

本病可用鸡传染性支气管炎 H_{120}、H_{52} 弱毒苗，肾型弱毒苗，呼吸型、肾型、生殖道型、变异型油乳剂灭活苗进行免疫。

[用药方案]

方案一：清肺颗粒配合盐酸多西环素可溶性粉（方通独链剔粉），兑水或拌料饲喂。

方案二：延胡索酸泰妙菌素预混剂（方通必洛星散）配合芪贞增免颗粒，拌料或兑水饮用。

第五节　鸡球虫病

鸡球虫病是由鸡感染艾美耳球虫后引起鸡的一种危害十分严重的寄生虫病，高温高湿季节易发，发病率100%，病死率80%以上。

［诊断要点］

1. 流行特点

各个品种的鸡均有易感性，15～50日龄的鸡发病率和病死率较高，成年鸡对球虫有一定的抵抗力。病鸡是主要传染源，鸡感染球虫的途径主要是吃了感染性卵囊。当饲养管理条件不良，鸡舍潮湿、拥挤，卫生条件恶劣时，最易发病。在潮湿多雨、气温较高的梅雨季节易暴发球虫病。

2. 临床特征

病鸡精神沉郁，羽毛蓬松，头卷缩，食欲减退，嗉囊内充满液体，鸡冠和可视黏膜贫血、苍白，逐渐消瘦，病鸡常排红色胡萝卜样的稀粪。若感染柔嫩艾美耳球虫，开始时粪便为咖啡色，以后变为完全的血粪，如不及时采取措施，病死率可达50%以上；若多种球虫混合感染，粪便中带血液，并含有大量脱落的肠黏膜。

3. 病理变化

病鸡消瘦，鸡冠与黏膜苍白，内脏变化主要发生在肠管，病变部位和程度与球虫的种类有关。柔嫩艾美耳球虫主要侵害盲肠，两支盲肠显著肿大，可为正常的3～5倍，肠腔中充满凝固的或新鲜的暗红色血液，盲肠上皮变厚，有严重的糜烂；毒害艾美耳球虫损害小肠中段，使肠壁扩张、增厚，有严重的坏死。在裂殖体繁殖的部位，有明显的淡白色斑点，肠黏膜上有许多小出血点。肠管中有凝固的血液或有胡萝卜色胶冻状的内容物；巨型艾美耳球虫损害小肠中段，可使肠管扩张，肠壁增厚，内容物黏稠，呈淡灰色、淡褐色或淡红色。

［综合防制措施］

1. 加强饲养管理

保持鸡舍干燥、通风和鸡场卫生，定期清除粪便，堆积发酵以杀灭卵囊。保持饲料、饮水清洁，笼具、料槽、水槽定期消毒，一般每周一次，可用沸水、热蒸汽或3%～5%热碱水等处理。补充足够的维生素K、二氢吡啶预混剂（方通优生太）和给予3～7倍量的维生素A，可加速患鸡康复。

2. 免疫预防

据报道，应用鸡胚传代致弱的虫株或早熟选育的致弱虫株给鸡免疫接种，可使鸡对球虫病产生较好的预防效果。

［用药方案］

方案一：地克珠利口服液(方通排球)，兑水饮用，连用3～7天。

方案二：复方磺胺间甲氧嘧啶钠预混剂（方通炎磺散）配合盐酸多西环素可溶性粉（方通独链剔粉）拌料，连用5～7天。

第六节 鸡白冠病

鸡白冠病是由寄生于鸡体内的住白细胞原虫引起，其中以卡氏白细胞原虫最常见，该原虫寄生于鸡的红细胞和白细胞而使鸡出现贫血性疾病。临床症状以贫血、下痢、鸡冠苍白，两腿麻痹，口流黏液，呼吸困难为主。我国南方较普遍，对雏鸡、青年鸡危害严重，可引起大批死亡。

［诊断要点］

1. 流行特点

本病的发生有明显的季节性，常在7～10月份发生流行，吸血昆虫库蠓和蚋通过叮咬鸡传播病原，是主要的传播媒介。雏鸡、成鸡、产蛋鸡均可发病，3～6 周龄的雏鸡发病率和死亡率高，产蛋率下降幅度为 5%～20%不等，严重者高达 55%。

2. 临床特征

以鸡冠、肉髯颜色变淡、苍白、产蛋率下降、脚软及排绿色稀粪为主要症状。病鸡精神沉郁，食欲减退或废绝，羽毛松乱，机体消瘦无力，经常卧在地上，病鸡死前抽搐和痉挛，死亡前后，口流黏液或口鼻出血；部分鸡表现为鸡冠和肉垂苍白，或冠髯根部苍白，上部为黄色或白色，产软壳蛋、薄皮蛋；部分腹泻，排出青绿色或黄绿色稀便，常有血便发生。

3. 病理变化

病鸡血液稀薄，颜色较淡，不易凝固。肌肉色泽苍白，胸腿肌肉、胰脏、肠管外表面，心、肝、脾脏表面及腹部皮下脂肪表面有许多粟粒大小的出血小结节，界限明显；肝脏肿大，有时出现白色小结节；脾脏肿大 2～4 倍，有出血斑点，灰白色小结节。有的腹腔内有血凝块或黄色浑浊的腹水，肺明显淤血，气管内有血样黏液，肾脏肿大出血，心肌有出血点和灰白色小结节。可见输卵管黏膜有红色出血丘疹。

［综合防制措施］

白冠病的传播媒介为蠓和蚋，为切断传播途径，建议在流行季节，养鸡户可在鸡舍内外、纱窗喷洒对鸡毒性较小的农药，如溴氢菊酯或喷洒 0.2%的马拉硫磷等药物；清除鸡舍周围杂草，垫平污水沟，减少蚊虫滋生，切断传播途径。

［用药方案］

方案一：复方磺胺间甲氧嘧啶预混剂（方通炎磺散）配合复合 B 族维生素可溶性粉（方通氨唯多），连用 5 天。

方案二：复方磺胺间甲氧嘧啶预混剂（方通炎磺散）和茵芪解

毒颗粒（方通毒林颗粒）拌料喂服，同时肌内注射复方磺胺嘧啶钠注射液（方通立克）。

第七节　禽巴氏杆菌病

禽巴氏杆菌病又叫禽霍乱，是由多杀性巴氏杆菌引起鸡、鸭、火鸡的一种急性败血性传染病。分为最急性型、急性型和慢性型三型。成年体肥的鸡较其他鸡的发病率、死亡率高。

［诊断要点］

1. 流行特点

本病对各种家禽，如鸡、鸭、鹅、火鸡等都有易感性。断料、断水或突然改变饲料等应激情况，都可使鸡对禽霍乱的易感性提高。慢性感染禽被认为是传染的主要来源，传播主要是通过接触病禽口腔、鼻腔和眼结膜的分泌物进行感染。

2. 临床特征

由于家禽的机体抵抗力和病菌的致病力强弱不同，所表现的症状亦有差异。

（1）鸡：①最急性型。常见于流行初期，以产蛋量多的鸡最常见。病鸡无前驱症状，晚间一切正常，吃得很饱，次日发病死在鸡舍内。②急性型。此型最为常见，病鸡主要表现为精神沉郁，羽毛松乱，缩颈闭眼，头缩在翅下，不愿走动，离群呆立。腹泻，排黄色、灰白色或绿色稀粪。体温升高到43～44℃，减食或不食，渴欲增加。呼吸困难，口、鼻分泌物增加。鸡冠和肉髯变青紫色，有的肉髯肿胀，有热痛感。产蛋鸡停止产蛋。病程短的约半天，长的1～3天，最后发生衰竭、昏迷而死亡。③慢性型。由急性型转变而来，多见于流行后期。以慢性肺炎、慢性呼吸道炎和慢性胃肠炎较多见。病鸡鼻孔有黏性分泌物流出，鼻窦肿大，喉头积有分泌物而影响呼吸，经常腹泻。病鸡消瘦，精神委顿，冠苍白。有些病鸡一侧或两侧肉髯显著肿大，随后可能有脓性干酪样物质，或干结、坏死、脱落。病程可拖至一个月以上，但生长发育和产蛋长期不能恢复。

（2）鸭：症状与鸡的基本相似，常以病程短促的急性型为主。病鸭精神委顿，不愿下水游泳，即使下水，行动缓慢，常落于鸭群的后面或独蹲一隅，闭目瞌睡。羽毛松乱，两翅下垂，缩头弯颈，食欲减少或不食，渴欲增加，嗉囊内积食不化。口和鼻有黏液流出，呼吸困难，常张口呼吸、摇头，企图排出积在喉头的黏液，故有“摇头瘟”之称。病鸭排出腥臭的白色或铜绿色稀粪，有的粪便混有血液，有的病鸭发生气囊炎，病程稍长者可见局部关节肿胀。病鸭发生跛行或完全不能行走，还有见到掌部肿如核桃大，切开见有脓性和干酪样坏死。

3. 病理变化

（1）鸡：最急性型死亡的病鸡无特殊病变，有时只能看见心外膜有少许出血点。

急性病例病变较为特征，病鸡的腹膜、皮下组织及腹部脂肪常见小点出血。心包变厚，心包内积有多量不透明淡黄色液体，含纤维素絮状液体，心外膜、心冠脂肪出血尤为明显。肺有充血或出血点。肝脏的病变具有特征性，肝稍肿，质变脆，呈棕色或黄棕色，表面散布有许多灰白色、针头大的坏死点。脾脏一般不见明显变化或稍微肿大，质地较柔软。肌胃出血显著，肠道尤其是十二指肠呈卡他性和出血性肠炎，肠内容物含有血液。

（2）鸭：病理变化与鸡的基本相似，死于禽霍乱的鸭在心包内充满透明橙黄色渗出物，心包膜、心冠脂肪有出血斑。肺呈多发性肺炎，间有气肿和出血。鼻腔黏膜充血或出血。肝略肿大，表面散布有针尖状出血点和灰白色坏死点。肠道以小肠前段和大肠黏膜充血和出血最严重，小肠后段和盲肠较轻。雏鸭为多发性关节炎，主要可见关节面粗糙，附着黄色的干酪样物质或红色的肉芽组织。关节囊增厚，内含有红色浆液或灰黄色、混浊的黏稠液体。肝脏发生脂肪变性和局部坏死。

［综合防制措施］

（1）加强鸡群的饲养管理，平时严格执行鸡场卫生防疫措施。

（2）鸡群发病应立即采取有效药物全群给药。剂量要足，疗程合理，当鸡死亡明显减少后，再继续投药 2～3 天以巩固疗效防止复发。

（3）对常发地区或鸡场，可考虑应用禽霍乱氢氧化铝灭活苗进行预防，在有条件的地方可制作自家灭活苗，定期对鸡群进行注射。

［用药方案］

方案一：阿莫西林可溶性粉（方通阿莫欣粉）、茵芪解毒颗粒（方通毒林颗粒）配合白龙散（如方通温独金刚散）拌料饲喂，每天 2 次，连用 3 天。

方案二：头孢噻呋钠粉针（方通雪独精典 A＋B）配合黄芪多糖注射液（方通抗毒），肌内注射，每天 2 次，连用 3～4 天。

为减少应激，增强机体抵抗能力，最好用复合 B 族维生素可溶性粉（方通氨唯多）配合维生素 C 可溶性粉兑水，供家禽自由饮用。

第八节　鸡慢性呼吸道病

鸡慢性呼吸道病是由鸡败血支原体引起鸡、火鸡的一种慢性呼吸道传染病，临床症状以咳嗽、流鼻液和呼吸困难为特征。本病可在鸡群中长期存在和蔓延，鸡群生长发育受阻和继发大肠杆菌和沙门氏菌病，造成严重的经济损失。

［诊断要点］

1. 临床特征

病鸡鼻液增多，常有饲料黏附于鼻孔，影响呼吸，病鸡频繁摇头，打喷嚏，当鼻腔分泌物增多时，病鸡呼吸困难，鸡冠、肉髯发紫，张口呼吸，发出“湿性啰音”，随着病情的发展，病鸡流泪，眼睑肿胀，眼突出形成“金鱼眼”样，严重时可造成失明。

2. 病理变化

鼻腔、气管黏膜发红肿胀、黏液增多，有灰白色干酪样物质，喉头黏膜轻度水肿，充血、出血，有较多的灰白色脓性物，肺部和腹部气囊膜增厚、浑浊，有黄色泡沫样液体，病程久后有黄色、灰白色干酪样渗出物。

［用药方案］

方案一：清肺颗粒配合盐酸多西环素可溶性粉（方通独链剔粉），兑水饮用，每天 2 次，连用 3～5 天。

方案二：延胡索酸泰妙菌素预混剂（方通必洛星散）配合芪贞增免颗粒拌料或饮水使用，连用 3～5 天。

发病时，配合使用复合 B 族维生素可溶性粉（方通氨唯多）饮水，可缩短病程，提高疾病治愈率。

第九节　禽大肠杆菌病

禽大肠杆菌病是由致病性大肠杆菌引起的各种禽类的急性或慢性传染病，主要由消化道和呼吸道感染，病型多种多样，主要有急性败血型、气囊炎型、纤维素性心包炎型、全眼球炎型、肝周炎型、脐炎型、卵黄性腹膜炎型、出血性肠炎型、输卵管炎型、肉芽肿型、脑炎型等。四季均发，冬春季节多发，1～2 月龄鸡发病最多。

［诊断要点］

1. 流行特点

各种禽类不分品种、性别、日龄均对本病易感，特别是幼龄禽类发病最多。气候突变、有毒有害气体、营养失调及其他疾病等应激因素均可促进本病的发生。本病可通过种蛋垂直传播和采食被大肠杆菌污染的饲料及饮水，呼吸道等水平传播。

2. 临床特征及病理变化

因大肠杆菌侵害的部位不同，病理变化也不同。

（1）鸡胚和雏鸡早期死亡：该病主要通过被感染的种蛋垂直传染，鸡胚卵黄囊是主要感染灶。鸡胚死亡发生在孵化过程中，特别是孵化后期，病变卵黄呈干酪样或黄棕色水样物质，卵黄膜增厚。病雏感染本病会出现突然死亡或表现软弱、发抖、昏睡、腹胀、畏寒聚集，下痢（粪便白色或黄绿色），个别有神经症状。病雏除有卵黄囊病变外，多数发生脐炎、心包炎及肠炎。感染鸡可能不死亡，常表现卵黄吸收不良及生长发育受阻。

（2）急性败血症：本病常引起幼雏或成鸡急性死亡，病变不明显，各器官呈败血症变化。

（3）气囊炎：气囊炎经常伴有心包炎、肝周炎。偶尔可见败血症、眼炎和滑膜炎等。病鸡表现精神沉郁，呼吸困难，有啰音和喷嚏等症状。气囊壁增厚、混浊，有的有纤维样渗出物，并伴有纤维素性心包炎和腹膜炎等。

（4）大肠杆菌性肉芽肿：病鸡消瘦贫血、减食、拉稀。在肝、肠（十二指肠及盲肠）、肠系膜或心肌上有白色的肉芽组织，针头大至核桃大不等，很易与禽结核或肿瘤相混。

（5）心包炎、肝周炎：病禽心包囊内和肝脏上常充满淡黄色纤维素性渗出物，心包粘连，心包炎常伴发心肌炎，心外膜水肿。

（6）卵黄性腹膜炎及输卵管炎：常通过交配或人工授精时感染。多呈慢性经过，并伴发卵巢炎、子宫炎。蛋鸡减产或停产，呈直立企鹅姿势，腹下垂、恋巢、消瘦死亡。其病变与鸡白痢相似，输卵管扩张，内有干酪样团块及恶臭的渗出物为特征。

（7）关节炎及滑膜炎：表现关节肿大，内含有纤维素或混浊的关节液。

（8）全眼球炎：是大肠杆菌败血病一种不常见的表现形式。多为一侧性，少数为双侧性。病初羞明、流泪、红眼，随后眼睑肿胀突起。开眼时，可见前房有黏液性脓性或干酪样分泌物。最后角膜穿孔，失明。病鸡减食或废食，经7～10天衰竭死亡。

（9）脑炎：表现昏睡，斜颈，歪头转圈，共济失调，抽搐，伸脖，张口呼吸，采食减少，拉稀，生长受阻，产蛋显著下降。主要病变是脑膜充血、出血、脑脊髓液增加。

（10）肿头综合征：表现眼周围、头部、颌下、肉垂及颈部上2/3水肿，病鸡喷嚏、并发出咯咯声，剖检可见头部、眼部、下颌及颈部皮下黄色胶样渗出。

（11）出血性肠炎：病禽腹泻，肛门附近羽毛潮湿、污秽、粘连、腹泻，肠道出血、坏死。

［综合防制措施］

（1）搞好环境卫生，加强饲养管理，做好禽舍内空气净化和灭鼠、驱虫。

（2）加强消毒工作，按消毒程序进行消毒。减少种蛋、孵化和雏鸡感染大肠杆菌，防止水源和饲料污染。

（3）加强种鸡管理，及时淘汰患病鸡，减少通过种鸡的传播。采精、输精严格消毒，避免相互间的传染。

（4）提高禽体免疫力和抗病力。

由于大肠杆菌血清型较多，选择适合本地血清型的灭活苗进行免疫可以有效地预防大肠杆菌病的发生，有条件的可采用自家（或优势菌株）多价灭活佐剂苗进行免疫，具有较好的效果。保持营养平衡，增强禽的抵抗力，搞好其他常见病毒病的免疫，控制好支原体病，传染性鼻炎等病的发生，防止并发和继发感染。

［用药方案］

方案一：硫酸黏菌素预混剂（方通巧克痢散）配合阿莫西林可溶性粉（方通阿莫欣粉），拌料饲喂，每天2次，连用3天。

方案二：白龙散（方通温独金刚散）配合20%氟苯尼考粉（方通氟强散）或硫酸新霉素可溶性粉（方通利炎粉），拌料饲喂，每天2次，连用3天。

第十节 鸭 瘟

鸭瘟是由鸭瘟病毒（疱疹病毒）引起的鸭、鹅的一种急性、热性败血性传染病。临床上以体温升高、两脚行走无力、下痢为特征，又名鸭病毒性肠炎，部分鸭头部肿大，俗称“大头瘟”。

［诊断要点］

1. 流行特点

在自然条件下，本病主要发生于鸭、鹅，不同年龄、性别和品种的鸭都有易感性。以番鸭、麻鸭易感性较高，北京鸭次之，自然感染潜伏期通常为2～4天，30日龄以内雏鸭较少发病。通过病禽与易感禽的接触而传染，被污染的水源、鸭舍、用具、饲料、饮水是本病的主要传染媒介。本病一年四季均可发生，但以春、秋季流行较为严重。

2. 临床特征

特征性症状是流泪和眼睑水肿。病初体温升高至43～44℃，精神委顿、缩颈减食，羽毛松乱、无光泽，两翅下垂。病鸭两腿软弱、麻痹无力，行走困难，不愿下水，严重时卧地不起，驱赶时，两翅扑地而行。强迫下水时，漂浮在水面打转。流泪、眼睑水肿，常常双眼紧粘不能张开，部分鸭头、颈部肿胀、故有“大头瘟”之称，病鸭呼吸困难、排绿色或灰白色稀粪，泄殖腔松弛外翻。

3. 病理变化

（1）体表皮肤有散在出血斑，头颈部皮下有黄色胶样物质。

（2）喉头和口腔黏膜有黄色伪膜覆盖，剥离后露出出血点和溃疡，食道黏膜有纵行排列的灰黄色伪膜或小出血点，剥离后有大小不一的溃疡痕。

（3）肠黏膜充血，泄殖腔黏膜表面覆盖有灰褐色或绿色结痂，不易剥离。

［综合防制措施］

（1）避免从疫区引进鸭。如必须引进，一定要经过严格检疫，并经隔离饲养 2 周以上，确保健康后才能合群饲养；禁止在鸭瘟流行区域和野水禽出没区域放牧；禽场和工具定期消毒。

（2）疫区所有鸭、鹅应注射鸭瘟弱毒疫苗。产蛋鸭停产期或开产前一个月注射；种鸭一般在 20～30 日龄免疫，90～100 日龄再免疫 1 次。

（3）发生鸭瘟时应立即采取隔离和消毒措施，对鸭群用倍量的鸭瘟弱毒疫苗进行紧急预防接种，可降低发病率和死亡率。发现本病时，按照实际情况上报疫情，划定疫区，并立即采取封锁、隔离、消毒和紧急免疫接种等综合措施。鸭集体发病，可采取隔离或扑杀。

［用药方案］

本病无有效药物治疗。以下方案仅对控制继发感染和减少病死率有一定作用。

方案一：芪贞增免颗粒或茵芪解毒颗粒（方通毒林颗粒）配合阿莫西林可溶性粉（方通阿莫欣粉），拌料饲喂，同时肌内注射鸭瘟抗体。

方案二：黄芪多糖注射液（方通抗毒）配合头孢噻呋钠粉针（方通雪独精典 A+B），肌内注射；同时配合复合 B 族维生素可溶性粉（方通氨唯多）和维生素C可溶性粉兑水饮用，连用3～5天。

第十一节　鸭病毒性肝炎

鸭病毒性肝炎是由鸭肝炎病毒引起鸭的一种急性高度接触性致死性传染病。临床上以发病急、传播快、死亡率高，剖检以肝脏有明显的出血点和出血斑为特征。

［诊断要点］

1. 流行特点

传染源为病鸭和带毒鸭，雏鸭主要经消化道和呼吸道感染。感染动物为鸭，仅雏鸭发病，成年鸭隐性感染为主。本病主要发生于孵化雏鸭的季节，雏鸭发病率可达100%，病死率与鸭的日龄有关，小于1周龄的鸭病死率可高达95%，1～3周龄为50%或更低，而4～5周龄的鸭发病率及病死率更低，成年鸭则不发病也不影响生产。

2. 临床特征

自然感染潜伏期很短，通常为1～4天。发病急，死亡快，病初表现为精神委顿，不能随群走动，食欲废绝，眼半闭呈昏迷状态，有的出现腹泻，排灰白色或绿色水样粪便。随后，病鸭出现神经症状，不安，运动失调，身体倒向一侧，两腿痉挛性后踢，死前头向后弯，呈角弓反张姿态，数小时后发生死亡。

3. 病理变化

主要病变在肝脏，表现为肝肿大，有点状或斑状出血。通常肝脏颜色变淡，呈黄红色，表面斑驳状。有时脾肿大有斑驳状出血，肾肿大及充血。

［综合防制措施］

种鸭在产蛋前2～4周注射鸭病毒性肝炎弱毒疫苗。孵化室及栏舍定期应用戊二醛癸甲溴铵溶液（方通无迪）消毒。应从健康种鸭场引进种蛋、雏鸭或种鸭，并作严格隔离观察。受威胁区的雏鸭群，应用鸭病毒性肝炎高免血清或高免卵黄抗体进行被动免疫，发病后加剂量注射可进行治疗，必要时注射灭活疫苗，污染场地、工具等应彻底消毒。

［用药方案］

本病无有效药物治疗。以下方案仅对控制继发感染和减少病死率有一定作用。

方案一：芪贞增免颗粒配合阿莫西林可溶性粉拌料或兑水饲喂，同时肌内注射鸭瘟抗体。

方案二：黄芪多糖注射液（方通抗毒）配合头孢噻呋钠粉针(方通雪独精典A+B)，肌内注射；同时配合复合B族维生素可溶性粉（方通氨唯多）和维生素C可溶性粉，兑水饮用，连用3～5天。

第十二节　小鹅瘟

小鹅瘟（又称鹅细小病毒病）是由鹅细小病毒引起雏鹅的一种急性高度接触性败血性传染病。本病主要侵害3～20日龄的雏鹅，以严重下痢和渗出性坏死性肠炎为特征。本病仅发生于雏鹅和雏番鸭，3～7日龄发病率和死亡率最高，可达100%。

［诊断要点］

1. 流行特点

传染源为病雏鹅及带毒鹅。主要经消化道感染，也可经呼吸道传播。白鹅、灰鹅、狮头鹅以及其他品系的雏鹅易感，番鸭也易感，其他禽类及哺乳类动物不感染。本病一年四季均可发生，但主要发生于育雏期间。雏鹅发病率和死亡率与日龄、母源抗体水平等有关。

2. 临床特征

自然感染潜伏期为3～5天。临床上可分最急性型、急性型、亚急性型三型。

（1）最急性型：多见于流行初期和1周龄内的雏鹅，发病突然，快速死亡。

（2）急性型：多发生于15日龄左右雏鹅或由最急性转化而来，具有典型的消化系统紊乱和神经症状。主要表现为离群、嗜睡，两肢麻痹或抽搐，下痢，排灰白色或淡黄绿色、浑浊稀便，眼和鼻有多量分泌物，病鹅不时甩头，食道膨大有多量气体和液体。病程1～2天，多以死亡告终。

（3）亚急性型：多见于20日龄以上雏鹅或流行后期发病的雏鹅，病程3～7天，部分能自愈。

3. 病理变化

（1）特征病变在消化道，尤其是小肠发生急性浆液性纤维素性坏死性炎症。剖检可见肠黏膜发炎、坏死，呈片状或带状脱落，与大量纤维素性渗出物凝固，形成栓子，质地坚实似香肠样，具有特征性。

（2）最急性型仅见小肠黏膜肿胀、充血、出血，上覆有大量淡黄色黏液。亚急性病例还可见肝、脾、胰肿大充血。

［综合防制措施］

种蛋、种鹅苗及种鹅均应购自无病地区。种蛋入孵前必须经过严格的消毒，以防病毒污染。孵化场必须定期用戊二醛癸甲溴铵溶液（方通无迪）进行场地、用具和器械等的消毒，特别是每批雏鹅出壳后。母鹅群在产蛋前一个月应进行一次小鹅瘟弱毒疫苗免疫，雏鹅出壳后应用小鹅瘟高免血清或高免卵黄抗体进行被动免疫，发病也可用于治疗，但需加大剂量。

［用药方案］

本病无有效药物治疗。以下方案仅对控制继发感染和减少病死率有一定作用。

方案一：芪贞增免颗粒或七清败毒颗粒（方通奇毒康颗粒）配合阿莫西林可溶性粉（方通阿莫欣粉），拌料或兑水饲喂，同时肌内注射小鹅瘟抗体。

方案二：清瘟败毒片或沙拉沙星片（方通粒粒精片），每只鹅1片，每天2次，连用3～5天。

第十三节　鸭传染性浆膜炎

鸭传染性浆膜炎（又名鸭疫里氏杆菌病）是由鸭疫里氏杆菌引起鸭的一种急性接触性败血性传染病。临床上2～6周龄的鸭发病较多，以喷嚏、流泪，背羽湿润，摇头晃脑，神经症状，最后麻痹死亡等为特征。剖检以纤维素性肝周炎、气囊炎、心包炎、干酪样输卵管炎及关节炎为特征。常经呼吸道、消化道、破损皮肤而感染。高温、高湿、高密度、环境差等均能诱发本病。

［诊断要点］

1. 流行特点

主要感染2～6周龄小鸭，污染的草料、饮水、用具及环境飞沫经呼吸道、皮肤，特别是趾部皮肤的伤处，病菌侵入血液而感染。如卫生条件不好，饲养管理不善，环境恶劣，机体抵抗力减弱，细菌生长繁殖，引起急性败血症，易发生群体性流行。

2. 临床特征

临床上分为最急性型、急性型、慢性型三种类型。

（1）最急性型：无任何临床症状而小鸭突然死亡。

（2）急性型：不食昏睡，垂头缩颈，脚软少动，打喷嚏，流泪，摇头晃脑，背羽粘连或脱落，拉绿色稀粪。出现颤抖侧翻，两脚划动，角弓反张等神经症状而死亡。

（3）慢性型：食少神差，脚软少动至不能行走，阵发摇头摆尾或头颈歪斜，生长发育缓慢。

3. 病理变化

（1）急性型病理变化明显。

（2）全身浆膜被覆一层纤维素性渗出物，呈膜状，尤以心、肝、气囊表面覆盖一层灰白色纤维膜为主要特征，气囊发炎增厚，被覆一层纤维膜。

临床上应注意与鸭大肠杆菌败血症病相区别。

［综合防制措施］

（1）搞好鸭场环境卫生，加强饲养管理，增喂蛋白质、维生素、微量元素，增强体质，严格检疫消毒制度，肉鸭采用“全进全出”方式。

（2）种鸭按正规程序进行适合本地血清型的鸭传染性浆膜炎-大肠杆菌二联苗，雏鸭在7～10日龄进行首次免疫，30～40日龄再免疫一次。

［用药方案］

方案一：四季青注射液＋头孢噻呋钠粉针（方通雪独精典A+B），再配合地塞米松磷酸钠注射液（方通血热宁），肌内注射，每天2次，连用2～3天。

方案二：氨苄西林钠粉针（方通泰宁）或阿莫西林钠粉针（热雪多太）配合地塞米松磷酸钠注射液（方通血热宁），肌内注射，每天1～2次，连用2～3天。

在应用以上方案之一时，配合氟苯尼考粉（方通氟强散）或盐酸多西环素可溶性粉（方通独链剔粉）、氟尼辛葡甲胺颗粒（方通热迪颗粒）和复合B族维生素可溶性粉（方通氨唯多），拌料或兑水饮用，效果更佳。

第五章　兔常见病的防制与用药方案

第一节　兔　　瘟

兔瘟是由兔出血症病毒引起的一种急性、热性、败血性和毁灭性传染病。一年四季均可发生，各种家兔均易感。3月龄以上的青年兔和成年兔发病率和死亡率可高达95%以上，断奶幼兔有一定的抵抗力，哺乳期仔兔基本不发病。可通过呼吸道、消化道、皮肤等多种途径传染，潜伏期48～72h。

［诊断要点］

1. 临床特征

体温升高到41℃以上，突然兴奋、挣扎，食欲减少或废绝，常常抽搐而死。死后四肢僵直，头颈后抑，部分兔死前鼻孔出血。个别兔排出的粪便上附着有黄色胶样物质。

2. 病理变化

肺大量出血，整个肺呈鲜红色，呼吸道有大量红色泡沫，肝瘀血肿大，肾肿大，有出血点或灰白色坏死病灶，鼻腔有鲜红色泡沫样液体。肠内充满黄色胶冻样物质，肠系膜淋巴结充血、出血、水肿。

［综合防制措施］

（1）本病可用兔瘟疫苗、瘟-巴二联苗或瘟-巴-魏三联苗预防。

当发生本病时，应进行紧急预防接种，病兔用高免血清进行治疗，同时注意对环境的消毒。

（2）预防性治疗用金根注射液（方通菀毕康）或硫酸庆大-小诺霉素注射液（方通畉福碉）配合氟尼辛葡甲胺注射液（方通速解宁）和清瘟败毒片，对控制疫情和降低病死率有良好的效果。

第二节　兔巴氏杆菌病

兔巴氏杆菌病又称兔出血性败血症，是家兔的一种常见的、危害性很大的呼吸道传染病，可分为鼻炎型、肺炎型、败血型、中耳炎型及其他症型。各种年龄的兔均可发生，但2～6月龄或体质虚弱的兔发病率和死亡率较高。本病传播快，常造成全群发病，暴发时可全群覆灭。病畜和病禽的排泄物、分泌物及带菌动物均是本病重要的传染源。近年来，家兔患病十分普遍，不仅给养兔户带来巨大的经济损失，而且严重威胁着养兔业的发展。

［诊断要点］

1. 临床特征

病兔精神委顿，呼吸急促，体温升到41℃以上，鼻流浆液性或脓性分泌物，有时下痢，临死前体温下降，四肢抽搐，病兔常抓鼻，时有喷嚏及咳嗽或子宫积脓、睾丸发炎、结膜发炎等。

2. 病理变化

鼻腔黏膜充血，内有大量黏性、脓性分泌物，咽喉及肺充血、出血，心内外膜有出血斑点，肝脏表面覆白霜、严重瘀血，有许多坏死小点，脾、肠充血、出血。

［用药方案］

方案一：清瘟败毒片和茵芪解毒颗粒（方通毒林颗粒），拌料或直接口服，每天2次，连用2～3天。

方案二：硫酸庆大-小诺霉素注射液（方通畎福碉）和氟尼辛葡甲胺注射液（方通速解宁），肌内注射，每天1～2次，连用2～3天；

方案三：金根注射液（方通菟毕康）和青霉素钾粉针（方通美林），肌内注射，每天2次，连用2～3天。

在应用以上方案之一时，配合氟苯尼考粉（方通氟强散）或复方磺胺间甲氧嘧啶预混剂（方通炎磺散）和复合B族维生素可溶性粉（方通氨唯多），拌料或兑水饮用，效果更佳。

第三节　兔魏氏梭菌性肠炎

魏氏梭菌病又称产气荚膜杆菌病，而魏氏梭菌性肠炎主要由A型和E型菌及产生的α毒素所致。它广泛存在于土壤、饲料、蔬菜、污水、粪便中。本病的发生无明显季节性，除哺乳仔兔外，各种年龄、品种、性别的兔子均有易感性。传染途径主要是消化道或伤口，粪便污染的病原在传播方面起主要作用。本病的主要传染源是病兔和带菌兔及排泄物。病原菌自消化道或伤口侵入机体，在小肠和盲肠绒毛膜上大量繁殖并产生强烈的α毒素，改变毛细血管的通透性，使毒素大量进入血液，引起全身性毒血症。

［诊断要点］

1. 临床特征

病兔剧烈下痢，粪便带血色、胶冻样或黑褐色，有恶腥臭味，肛门周围及后肢常被稀粪污染。体温正常，有时排水样稀粪。

2. 病理变化

胃内积聚食物和气体、黏膜有出血点和黑色溃疡斑及瘀血，盲肠膨大、黏膜有出血点或条纹状出血斑、肠内充满黑褐色液体，小肠内有胶冻样液体和气体。

［用药方案］

方案一：清瘟败毒片或盐酸沙拉沙星片（方通粒粒精片），口服，每天 2 次，连用 2 天。

方案二：金根注射液（方通菀毕康）和氟尼辛葡甲胺注射液（方通速解宁），肌内注射，每天 2 次，连用 2～3 天。

第四节　兔球虫病

兔球虫病是由球虫引起家兔的一种流行性疾病，常造成养兔业的严重危害，断奶至 3 月龄幼兔感染率可达 100%，死亡率在 50%～80%，成年兔抵抗力较强，多为隐性感染而不表现临床症状，但生长发育受影响。病原体为原虫纲中的球虫，兔球虫共 10 余种，主要有兔艾美尔球虫、穿孔艾美尔球虫、大型艾美尔球虫及无残艾美尔球虫等。兔球虫主要寄生于兔胆管上皮及小肠上皮细胞中，随病兔粪便排出，在一定温度、湿度条件下发育成卵囊，随饮水、饲料经消化道感染。以断奶至 3 月龄幼兔最敏感，发病季节多在适宜球虫卵发育的温暖、潮湿、多雨的 5～9 月，以 7～8 月最严重。

［诊断要点］

1. 临床特征

病程数日到数周，可分为肠球虫和肝球虫二型，但临床上以兔混合型球虫病为多见。病兔常在后期出现痉挛及麻痹，头后仰，四肢抽搐，有的尖叫，极度衰竭而死亡。

（1）肠球虫病：由于球虫在小肠上皮细胞中大量繁殖，引起消化吸收功能的紊乱。病兔食欲不振或废绝，贫血，便秘与腹泻交替发生，尿频或常作排尿动作，肛门及后躯常被粪便污染，由于肠臌气、膀胱积尿而呈现腹围膨大。

（2）肝球虫病：球虫在肝脏、胆管上皮细胞内繁殖引起肝肿大，从而导致营养转化障碍而贫血，消化障碍，触摸腹部有疼痛感，精神沉郁，行动迟缓，常伏卧不动。

2. 病理变化

（1）兔消瘦，黏膜苍白或黄染。

（2）十二指肠、空肠、回肠扩张肥厚，黏膜充血或出血，肠腔中充满气体及大量微红色黏液，有的盲肠壁也充血。慢性肠球虫病致肠黏膜呈淡灰色，有许多小而硬的白色结节，其内有球虫卵体，有时可见化脓性坏死灶。

（3）肝球虫病见肝表面及实质内有许多白色或淡黄色米粒至黄豆粒大小的结节，严重者胆管高度扩张，呈绳索状隆起或呈网络状切面，挤出许多乳白色浓稠的物质；慢性病例则因胆管周围有肝小叶部分结缔组织增生，肝细胞受压而萎缩，肝体积缩小硬化。

［综合防制措施］

（1）由于本病主要由病兔或带虫兔的粪便污染周围环境而引起，故搞好环境卫生、消毒，每天清除兔粪，并进行堆积发酵等，对预防本病有积极作用。

（2）经常投喂抗球虫药物进行预防，配合使用维生素 A（如鱼肝油）及复合 B 族维生素可溶性粉（方通氨唯多），对维护和增强上皮组织的健康更为有效。

（3）治疗抗球虫药一般为拌料或饮水内服，由于球虫对抗球虫药物容易产生抗药性，不宜长期服用同一种抗球虫药，应将 2～3 种药交替使用。

①地克珠利溶液（方通排球）兑水或拌料口服，第 1 天用量加倍，连用 3～5 天为 1 疗程，隔 1 周后再用 1 个疗程。

②复方磺胺间甲氧嘧啶预混剂（方通炎磺散）以 0.2%的浓度拌料饲喂 1 周。

第五节　兔中耳炎

兔子中耳炎是由多种疾病继发感染后引起的鼓室及耳管的炎症，临床上以头颈歪斜、转圈运动，或低头伸颈为特征，故又称为斜颈病。多发生于青年兔和成年兔。

[诊断要点]

斜颈是主要临床症状。食欲减退，个别兔出现神经症状，常侧耳抵物或挠耳。

[用药方案]

方案一：沙拉沙星片（方通粒粒精片）或清瘟败毒片，口服，每天2次，连用2天。

方案二：复方磺胺间甲氧嘧啶钠预混剂（方通炎磺散）配合氟苯尼考粉（方通氟强散），拌料口服，连用3～5天。

方案三：若病因是耳螨感染，可在耳内滴入2～3滴伊维菌素注射液（方通虫退），连用3～5天，即可痊愈。

耳内侧可用碘甘油（方通喷点康）或酒精棉球擦拭消毒，疗效更佳。

第六节　兔葡萄球菌病

兔葡萄球菌病是一种可波及全身所有器官组织的以化脓性炎症或致死性败血症经过为特征的传染病，病原体为金黄色葡萄球菌，广泛分布于自然界，也是人畜皮肤、呼吸道及消化道黏膜的常在菌群。该菌对外界环境有较强的抵抗力，兔是葡萄球菌最易感的动物。该病是集约化养兔场的常见病之一，死亡率也较高，经创口及天然孔道或直接接触感染。兔体抵抗力下降，如拥挤、长途运输、卫生条件不好及其他应激因素作用于兔体也会诱发本病。

兔葡萄球菌病是由金黄色葡萄球菌通过皮肤和黏膜外伤等途径感染而引起，导致体表部位形成脓肿，严重时可引起内脏器官脓毒败血症而死亡。由于感染部位不同，可分为：转移性脓毒血症、仔兔脓毒败血症、仔兔黄尿病、乳腺炎、脚皮炎等。

［诊断要点］

1. 临床特征

兔的葡萄球菌病有多种病型，常见如下：

（1）仔兔脓毒败血症：仔兔出生后2～3天，皮肤上出现粟粒大的脓肿或多处皮肤炎症，尤其颌下、颈、胸、腹和腿内侧，多数病例经2～5天呈败血症死亡，少数病例脓疱逐渐变干、消失而痊愈。

（2）仔兔急性肠炎：一般全窝发生，是因吃了患乳房炎母兔的乳汁所致，病兔肛周及后腿被毛污秽、腥臭，昏睡，尿黄（又称仔兔黄尿病），体衰软弱，经2～3天死亡，病死率高。

（3）乳腺炎：常见于母兔分娩后的最初几天，因乳头或乳房皮肤损伤而感染发病。急性病兔体温升高，精神沉郁不食，乳房肿胀，色紫红或蓝紫，乳汁中混有脓液或血液。慢性病兔则见乳头或乳房实质局部形成大小不一的硬块，后渐变为脓肿。

（4）脓肿：全身各处都能发生，皮肤病变初期红肿、硬实，逐渐形成大小不一、数目不等的脓肿，经1～2月自行破溃流脓，经久不愈。若经抓伤或病菌进入血液经血流扩散到其他部位，或脓肿向体内破溃时，皆可引发全身性感染而呈败血症，病兔很快死亡。

（5）其他：除上述症状外，还有脚部皮炎、鼻炎及外生殖器炎及脓肿等。

2. 病理变化

见有包膜完整，内含乳白浓稠脓液，数量不多、大小不一的脓疱，仔兔急性肠炎则见膀胱胀满，内装大量黄色尿液。

［综合防制措施］

(1) 防止外伤发生：清除兔笼内一切锋利物品（如铁钉、铁网尖端、碎木等)，并把喜欢咬斗的仔兔从兔群中分出单养。

(2) 观察母兔的乳房及乳汁分泌状况：母兔乳汁不足则乳头易被仔兔咬伤，可增喂优质饲料和多汁饲料，或将部分仔兔交由其他母兔哺乳；若乳汁太多，则适当减少精料及多汁饲料以免乳房过度膨胀、乳头管扩大致使葡萄球菌乘虚而入。

(3) 消毒灭菌：搞好清洁卫生，定期用戊二醛癸甲溴铵溶液（方通消可灭）或用聚维酮碘溶液（方通典净）带兔消毒。

(4) 疫苗预防：用葡萄球菌蜂胶灭活苗，皮下注射 1mL 有一定预防作用。

(5) 全身治疗：肌内注射头孢氨苄注射液或双丁注射液（方通汝健）和氨苄西林钠粉针（方通五独康)，每天 1 次，连用 5 天。

(6) 局部治疗：皮肤脓肿，用消毒针头将脓肿刺破，再用消毒棉球擦去脓液，用聚维酮碘溶液（方通典净）或碘甘油（方通喷点康）冲洗消毒，然后用普鲁卡因青霉素注射液（方通精长）或头孢氨苄注射液涂抹。或用外科手术切除脓肿后进行抗感染治疗。

第六章　犬、猫常见病的防制与用药方案

第一节　犬瘟热（CD）

犬瘟热是由犬瘟热病毒引起的一种传染性极强的病毒性疾病。常见于城市等犬类较集中的地方，2月龄以内的仔犬由于母源抗体的保护，80%不受感染，3～12月龄犬感染性最高。本病多发于寒冷季节，以早期表现双相热、急性鼻卡他以及随后的支气管炎、卡他性肺炎、严重的胃肠炎和神经症状（咬肌群反复节律性颤动是本病常见的神经症状）为特征，少数足垫角质增生。

［诊断要点］

本病由于经常存在混合感染和细菌性继发感染而使诊断比较困难，确诊需进行血清学诊断。

［综合防制措施］

（1）对未出现症状的同群犬和其他受威胁的易感犬进行疫苗紧急预防接种。

（2）病犬及早应用高免血清进行治疗，用氟尼辛葡甲胺注射液（方通速解宁）配合氨苄西林钠粉针（方通泰宁）控制继发感染，肌内注射，每天2次，连用3～5天。同时配合维生素B_1注射液（方通长维舒）和维生素C注射液静脉输液，效果更好。

(3) 用稀戊二醛溶液(方通全佳洁)或者聚维酮碘溶液(方通典净)、5%石炭酸溶液对用具进行严格的消毒处理。

第二节 猫泛白细胞减少症(猫瘟热)

猫泛白细胞减少症又称猫传染性肠炎或猫瘟热,是由猫细小病毒(FPV)引起的一种高度接触性急性传染病,以突然发热、呕吐、腹泻、脱水和明显白细胞减少为特征。发生于各种年龄的猫,2～5 月龄的猫最易感,主要通过直接或间接接触,经消化道传染给健康猫。本病多见于冬末和春季。

[诊断要点]

根据流行规律、临床症状和病变以及血液学检查发现白细胞减少可做出初步诊断。

1. 临床特征

最急性型来不及表现症状就突然死亡。急性型病猫仅表现一些前期症状,24h 内死亡。亚急性型病猫初期精神委顿,食欲不振,体温升高到 40℃以上。第二次发热时症状加剧,高度沉郁、衰弱、伏卧,头搁于前肢,呕吐,腹泻呈水样,内含血液,迅速脱水,白细胞数减少。

2. 病理变化

空肠中后段起黏膜肿胀、炎症、充血、出血,严重的呈伪膜性炎症变化,内容物呈灰黄色、水样、恶臭,肠系膜淋巴结肿胀、充血、出血,肝肿大呈红褐色,胆囊充满黏稠胆汁,脾出血;肺充血、出血、水肿。

[综合防制措施]

(1) 疫苗免疫接种:小猫断乳后(8～11 周龄)首次免疫,间隔两周后二次免疫,以后每半年免疫一次。

(2) 对被污染的用品及环境用戊二醛癸甲溴铵溶液（方通无迪）进行彻底消毒。

(3) 控制继发感染：硫酸庆大-小诺霉素注射液（方通畎锚宁）和头孢氨苄注射液，分别肌内注射，每天1次，连用2～3天。

第三节　犬传染性肝炎

犬传染性肝炎是由犬传染性肝炎病毒（ICHV）引起的一种急性、败血性传染病。可发生于不同季节、不同品种和不同年龄的犬，但主要以1岁以内的幼犬多发。

[诊断要点]

早期症状与犬瘟热、钩端螺旋体相似，不易区别，需借助血清学方法进行检查。

1. 临床特征

病犬体温升高到40～41℃，持续一天后降至常温，一天后体温再次升高。病犬血液不易凝固，食欲缺乏，渴欲增加。常见呕吐、腹泻和眼、鼻流浆液性分泌物。常有腹痛和呻吟。幼年犬常在1～2天突然死亡，如能耐过48h多能康复。成年犬多能耐过并产生一定的免疫力。

2. 病理变化

常见皮下水肿，腹腔积液，暴露于空气中常可凝固；肠系膜可有纤维蛋白渗出物；肝略肿大，包膜紧张；胆囊黑红、胆囊壁常水肿、增厚、出血；脾肿大。

[综合防制措施]

(1) 免疫接种：9周龄初次免疫，15周龄二次免疫，以后每半年免疫一次。

(2) 早期用高免血清或丙种球蛋白治疗，以抑制病毒增殖扩散。硫酸庆大-小诺霉素注射液配合头孢噻呋钠粉针，肌内注射。同时，每天用5%葡萄糖盐水、维生素B_1注射液（方通长维舒）和维生素C注射液，静脉输液，能有效控制继发感染，降低病死率。

第四节　犬、猫轮状病毒感染

轮状病毒属于呼肠孤病毒科轮状病毒属，各种动物的轮状病毒在形态上无法区别，具有群特异抗原，有一定的交叉感染作用。病畜和隐性带毒动物是本病的传染源。本病多发生于寒冷季节，成年猫、犬通常呈隐性经过，幼龄猫、犬多受害而发生腹泻。

［诊断要点］

1. 犬

1周龄以内的幼犬常突然发生腹泻，严重者粪便带有黏液或血液。因脱水和酸碱平衡失调，病犬心跳加快，皮温和体温降低。脱水严重的常因衰竭而死亡。

2. 猫

幼猫常发生严重腹泻，粪便似水样至黏液样，可持续数日。食欲与体温无大变化。

［综合防制措施］

视脱水的严重程度用适量的乳酸林格氏液和5%葡萄糖注射液以1∶2的比例混合输液；同时用硫酸庆大-小诺霉素注射液（方通畎锚宁）配合头孢氨苄注射液，或黄芪多糖注射液（方通抗毒）、地塞米松磷酸钠注射液（方通血热宁）配合阿莫西林钠粉针（方通热雪多太）或氨苄西林钠粉针（方通泰宁），肌内注射，每天2次，连续3～5天，能有效控制继发感染，降低病死率。

第五节　犬钩端螺旋体病

犬钩端螺旋体病由钩端螺旋体感染引起，以出血性黄疸、高热、器官及黏膜充血出血为主要临床特征。我国南方和西南各省流行较为严重。公犬发病率高，幼犬尤甚。

［诊断要点］

根据体温升高，黏膜黄染及有出血点，尿液黏稠呈酱油色，红细胞减少，白细胞增多、核左移等变化，结合流行特点可初步诊断。

1. 临床特征

严重病例往往突然发病，精神沉郁，体温升高，肌肉僵硬及疼痛，四肢无力，常呈坐姿不愿动。眼结膜和口腔黏膜充血，形成溃疡。发展成尿毒症的犬，出现呕吐；血便、无尿、尿臭、脱水等。如侵害肝脏，则 15%左右的犬出现黄疸，严重的 5～7 天死亡。出血性黄疸钩端螺旋体感染比犬钩端螺旋体感染症状严重，表现为高热、呕吐、震颤、食欲废绝、间或血便，眼结膜和口腔黏膜充血、出血。若 70%的病犬出现黄疸，尿呈酱油色，往往在发生黄疸后 3～5 天死亡。

2. 病理变化

通常以肾炎为主要特征，出血性胃肠炎是最突出的变化。口腔黏膜、鼻黏膜、胸膜、腹膜及肾脏点状出血，淋巴结出血，肝、脾充血肿大。肾脏肿大或萎缩，皮质部散在粟粒大至米粒大的灰白色硬块。

［综合防制措施］

青霉素为首选药，但不能杀灭肾脏内的病原体，而链霉素可杀灭肾脏内的病原体。

方案一：青霉素钾粉针（方通美林）配合硫酸链霉素粉针（方通菌必治）用氟尼辛葡甲胺注射液（方通速解宁）稀释，肌内注射，每天1～2次，连用1～2天。

方案二：普鲁卡因青霉素注射液（方通双抗），肌内注射，每天1～2次，连用2～3天。

表现尿毒症时，再配合5%或10%葡萄糖注射液静脉滴注和呋塞米注射液（方通速尿）肌内注射，每天2次。

第六节　犬细小病毒病

犬细小病毒病是犬细小病毒（CPV）引起的一种急性传染病，以出血性肠炎和急性非化脓性心肌炎为主要临床特征。多发生于幼犬，断乳前后的幼犬易感性最高，往往以同窝暴发为特征；3～4周龄的犬感染后呈急性致死性心肌炎为主；8～10周龄的犬则以肠炎为主，4周龄以下的幼犬和老龄犬发病率低。主要经消化道感染。

[诊断要点]

先呕吐后急性出血性肠炎、白细胞显著减少以及幼犬急性心肌炎等特征性的临床症状，再结合流行病学和病理变化特点可做出初步诊断。

(1) 肠炎型：多见于青年犬，突然发生呕吐，后出现腹泻。粪便先黄色或灰黄，附着多量黏液和伪膜，接着排出带有血液呈番茄汁样稀粪，具有难闻的恶臭味。病犬精神沉郁，食欲废绝，体温升高，迅速脱水，急性衰竭而死亡。成年犬一般不发热。病变主要见于空肠、回肠及小肠中后段，浆膜暗红色，浆膜下充血出血，黏膜坏死、脱落，绒毛萎缩；肠腔扩张，内容物水样，混有血液和黏液；肠系膜淋巴结充血、出血、肿胀。

(2) 心肌炎型：多见于8周龄以下的幼犬，常突然发病，数小时内死亡。感染犬精神、食欲正常，偶见呕吐，或有轻度腹泻和体温升高，或有严重呼吸困难，可视黏膜苍白，听诊心律不齐，死亡率极高。肺水肿，局灶性充血、出血，致使肺脏表面色彩斑驳。心肌扩张，心房和心室内有瘀血块，心肌和心内膜有非化脓性坏死灶。

［综合防制措施］

心肌炎病例转归不良；肠炎型立即隔离饲养，加强护理。

方案一：氟尼辛葡甲胺注射液（方通速解宁）配合氨苄西林钠粉针（方通泰宁），肌内注射，每天 2 次，连续 3～5 天。

方案二：硫酸庆大-小诺霉素注射液（方通畎福硐）配合头孢氨苄注射液，或黄芪多糖注射液（方通抗毒）、地塞米松磷酸钠注射液（方通血热宁）配合阿莫西林钠粉针（方通热雪多太）或氨苄西林钠粉针（方通泰宁），肌内注射，每天 2 次，连续 3～5 天。

在应用以上方案之一时，注射维生素 K 或安络血等止血剂，再配合葡萄糖-生理盐水、维生素 B_1 注射液（方通长维舒）和维生素 C 注射液进行静脉输液，更易康复。

第七节　犬、猫肉毒梭菌中毒

肉毒梭菌广泛分布于自然界，是土壤中的常在菌。肉毒毒素的毒性极强，能耐受高温以及胃酸、胃蛋白酶、胰蛋白酶的作用而不被破坏。腐肉、烂鱼中都有肉毒梭菌及其产生的肉毒毒素，犬、猫都喜食肉，容易误食中毒。

［诊断要点］

1. 犬

病犬失声嗷叫，呕吐，口吐白沫，两眼有多量脓性分泌物。表现不同程度的运动神经麻痹，步态踉跄，喜卧地，心悸，呼吸困难，食欲减退或废绝。

2. 猫

主要表现肌肉的进行性麻痹，首先发生于后肢的肌肉，病猫拖着后肢向前爬行，继而瘫痪，并向前肢发展；眼球突出或斜视，瞳孔散大；咽部肌肉麻痹，不能采食，吞咽困难，流涎；颈部肌肉因麻痹而使头下垂；濒死前口吐白沫，大小便失禁，排稀血便、血尿，昏迷，最后窒息而死亡。

［综合防制措施］

尽早用5%碳酸氢钠或0.2%高锰酸钾灌胃催吐。同时，用5%葡萄糖生理盐水加维生素C注射液静脉滴注，并采用对症疗法。

治疗：氟苯尼考注射液（方通晨健）或双黄连注射液（方通均独金针）配合头孢氨苄注射液或头孢噻呋钠粉针（方通雪独精典A+B），肌内注射，每天1～2次，连用2～3天。

第七章　畜禽疾病防制的综合措施

第一节　猪病的诊断思路

随着规模化、集约化饲养方式的发展，生猪及其产品的流通渠道增多，使得猪病的传染源、传染媒介、传染途径越来越复杂，猪病呈多种疫病交叉的混合感染趋势。在这类混合感染中，既有两种或超过两种病毒、细菌的混合感染，也有病毒与细菌的混合感染，还有病毒病与寄生虫病，细菌病与寄生虫病，以及由多种病原和其他因素引起的疾病综合征，给猪病诊断和防制带来很大的困难。为便于临床诊断，按照症状、病原等因素归纳如下，仅供参考。

一、母猪无临床症状而发生流产、死胎、弱胎的常见性疾病

（1）细小病毒病；（2）伪狂犬病；（3）衣原体病；（4）繁殖障碍性猪瘟；（5）猪乙型脑炎；（6）猪圆环病毒病。

二、母猪发生流产、死胎、弱胎并有临床症状的常见性疾病

（1）猪呼吸与繁殖障碍综合征；（2）布鲁氏菌病；（3）钩端螺旋体病；（4）猪弓形虫病；（5）营养代谢病。

三、脾脏肿大的常见性传染性猪病

（1）炭疽；（2）链球菌病；（3）沙门氏菌病；（4）梭菌性疾

病；（5）猪丹毒；（6）猪圆环病毒病；（7）肺炎双球菌病。

四、贫血性黄疸的常见性猪病

（1）猪附红细胞体病；（2）钩端螺旋体病；（3）猪焦虫病；（4）胆道蛔虫病；（5）新生仔猪溶血病；（6）铁和铜缺乏病；（7）仔猪苍白综合征；（8）猪黄脂病；（9）缺硒性肝病。

五、猪尿液性状、色泽发生改变的常见性疾病

（1）真杆菌病（尿血）；（2）钩端螺旋体病（尿血）；（3）膀胱结石（尿血）；（4）猪附红细胞体病（尿呈浓茶色）；（5）新生仔猪溶血病（尿呈暗红色）；（6）猪焦虫病（尿色发暗）。

六、猪肾脏有出血点的常见性疾病

（1）猪瘟；（2）猪伪狂犬病；（3）猪链球菌病；（4）仔猪低血糖病；（5）衣原体病；（6）猪附红细胞体病；（7）猪圆环病毒病。

七、体温不高或升高不明显的猪传染病

（1）猪气喘病；（2）破伤风；（3）副结核病。

八、猪表现纤维素性胸膜肺炎和腹膜炎的常见性疾病

（1）猪传染性胸膜肺炎；（2）猪链球菌病；（3）猪支原体性浆膜炎和关节炎；（4）副猪嗜血杆菌病；（5）衣原体病；（6）慢性巴氏杆菌病。

九、猪肝脏出现坏死性病灶的常见性疾病

（1）伪狂犬病；（2）沙门氏菌病；（3）仔猪黄痢；（4）李氏杆菌病；（5）弓形虫病；（6）结核病。

十、伴有关节炎或关节肿大的常见性猪病

（1）猪链球菌病；（2）猪丹毒病；（3）猪衣原体病；（4）猪支原体性浆膜炎和关节炎；（5）副猪嗜血杆菌病；（6）猪传染性胸膜肺炎；（7）猪乙型脑炎；（8）慢性巴氏杆菌病；（9）猪滑液支原体关节炎；（10）风湿性关节炎。

十一、引发猪的肝脏变性和黄染的疾病

（1）猪附红细胞体病；（2）钩端螺旋体病；（3）梭菌性疾病（大猪是诺维氏梭菌）；（4）黄曲霉毒素中毒；（5）缺硒性肝病；（6）金属毒物中毒；（7）仔猪低血糖病；（8）猪乙型肝炎。

十二、猪睾丸肿胀或炎症的常见性疾病

（1）布鲁氏菌病；（2）猪乙型脑炎；（3）衣原体病；（4）类鼻疽。

十三、皮肤发绀或有出血斑点的常见性猪病

（1）猪瘟；（2）猪肺疫；（3）猪丹毒；（4）猪弓形虫病；（5）猪传染性胸膜肺炎；（6）猪沙门氏菌病；（7）猪链球菌病；（8）猪呼吸和繁殖障碍综合征；（9）猪附红细胞体病；（10）衣原体病；（11）猪感光过敏性疾病；（12）猪圆环病毒病。

十四、大肠有针尖状、点状或弥漫性出血的传染病

（1）猪瘟；（2）猪痢疾；（3）仔猪副伤寒。

十五、出现小肠和胃黏膜炎症的传染性猪病

（1）流行性腹泻；（2）传染性胃肠炎；（3）轮状病毒病；（4）仔猪黄白痢；（5）猪链球菌病；（6）猪丹毒。

十六、有间质性肺炎的常见性传染性猪病

（1）猪圆环病毒病；（2）猪呼吸与繁殖障碍综合征；（3）猪弓形虫病；（4）猪衣原体病。

十七、猪耳廓增厚或肿胀的常见性疾病

（1）猪感光过敏性疾病；（2）猪皮炎肾病综合征；（3）猪放线杆菌病。

十八、常见未断奶仔猪的呼吸困难综合征

（1）猪呼吸与繁殖障碍综合征；（2）支原体病；（3）猪链球菌病；（4）克雷伯氏杆菌病；（5）副猪嗜血杆菌病；（6）巴氏杆菌病；（7）缺铁性贫血。

十九、猪蹄裂的常见性病因

（1）维生素缺乏症；（2）饲喂生蛋白饲料；（3）地板粗糙；（4）硒中毒；（5）霉菌毒素中毒。

二十、猪骨骼肌变性发白的常见病因

1. 恶性口蹄疫

成年猪患恶性口蹄疫时，骨骼肌变性发白发黄，而口腔、蹄部变化不明显。幼龄猪患口蹄疫时，主要表现心肌炎和胃肠炎。

2. 应激综合征

肌肉变性呈白色。

3. 猪缺硒

当猪缺硒时，一个月以内的仔猪多发白肌病，二个月左右的发生肝坏死和桑葚心。

4. 猪的肌红蛋白尿

骨骼肌和心肌发生变性和肿胀。

二十一、出现神经症状的常见性猪病

（1）猪传染性脑脊髓炎；（2）猪凝血性脑脊髓炎；（3）猪狂犬病和猪伪狂犬病；（4）猪乙型脑炎和脑炎；（5）破伤风；（6）猪李氏杆菌病；（7）猪水肿病；（8）猪维生素 A 缺乏症；（9）仔猪低血糖症；（10）某些中毒性疾病。

二十二、呼吸困难、出现咳喘综合征的常见性疾病

（1）猪繁殖与呼吸障碍综合征；（2）萎缩性鼻炎；（3）猪巴氏杆菌病；（4）猪传染性胸膜肺炎；（5）气喘病；（6）肺丝虫病。

二十三、痢疾腹泻综合征的常见性疾病

（1）猪大肠杆菌病；（2）猪沙门氏菌病；（3）猪痢疾；（4）弯曲杆菌性腹泻；（5）耶氏菌性结肠炎；（6）猪传染性胃肠炎；（7）轮状病毒性腹泻；（8）牛病毒性腹泻黏膜病；（9）猪瘟。

第二节　猪病的主要症状、病理变化与疾病

一、主要症状与疾病的对应简表

主要症状	最有可能涉及的疾病
仔猪下痢	仔猪红痢、黄痢、白痢，传染性胃肠炎，流行性腹泻，轮状病毒感染，伪狂犬病，猪痢疾，副伤寒，C 型产气荚膜梭菌，胃肠炎，球虫病，类圆线虫病，低血糖症（无乳症）
呼吸困难、咳嗽	蓝耳病，气喘病，猪肺疫，副猪嗜血杆菌病，接触性传染性胸膜肺炎，传染性萎缩性鼻炎，肺心病
神经症状	伪狂犬病，乙型脑炎，李氏杆菌病，猪水肿病，仔猪先天性肌痉挛症，脑炎型链球菌病，传染性脑脊髓炎，食物、药物或农药中毒
流产、死胎或木乃伊胎	猪瘟，蓝耳病，圆环病毒病，猪细小病毒感染，乙型脑炎，伪狂犬病，猪流感，布鲁氏菌病及非传染病因素（包括高温、营养、中毒、机械损伤、应激、遗传等）

二、主要病理变化与疾病的对应简表

器　官	病理变化	最有可能涉及的疾病
眼	眼角有泪痕或眼屎，眼结膜充血、苍白、黄染，眼睑青紫、水肿	流感，猪瘟，贫血，黄疸，蓝耳病，猪水肿病，伪狂犬病
鼻、口	鼻孔有炎性渗出物流出	流感，气喘病，萎缩性鼻炎
	鼻歪斜，颜面部变形	萎缩性鼻炎
	上唇吻突及鼻孔有水疱、糜烂	口蹄疫，水疱病
	齿龈、口角有点状出血，唇、齿龈、颊部黏膜溃疡	猪瘟
	齿龈、眼睑水肿	猪水肿病
胸腹及蹄部等	胸、腹和四肢内侧皮肤有大小不一的出血斑点	猪瘟，湿疹
	体表有方形、菱形红色疹块	猪丹毒
	耳尖、鼻端、四蹄呈紫色	猪副伤寒，蓝耳病
	下腹和四肢内侧有痘疹	猪痘
	蹄部皮肤出现水疱、糜烂、溃疡	口蹄疫，水疱病等
肛　门	肛门周围和尾部有粪污染	腹泻性疾病
淋巴结	颌下淋巴结肿大，出血性坏死	炭疽，链球菌病
	全身淋巴结有大理石样出血变化	猪瘟，链球菌病等菌毒感染性疾病
	咽、颈及肠系膜淋巴结黄白色干酪样坏死灶	结核病
	淋巴结充血、水肿、小点状出血	急性猪肺疫，猪丹毒，链球菌病等
	支气管淋巴结、肠系膜淋巴结髓样肿胀	猪气喘病，猪肺疫，传染性胸膜肺炎，副伤寒

（续）

器　官	病理变化	最有可能涉及的疾病
脾脏	脾边缘有出血性梗死灶	猪瘟
	稍肿大，呈樱桃红色	猪丹毒
	瘀血、肿大，灶状坏死	弓形虫病
	脾头肿大，蓝紫色	圆环病毒病
胃和肠	胃黏膜斑点状出血，溃疡	猪瘟，圆环病毒病，胃溃疡
	胃黏膜充血、卡他性炎症，呈大红布样	猪丹毒，食物中毒
	黏膜下水肿	水肿病
	黏膜小点状出血，盲肠、结肠黏膜纽扣状溃疡	猪瘟
	以十二指肠为主的出血性、卡他性炎症	仔猪黄痢，猪丹毒，食物中毒
	盲肠、结肠黏膜灶状或弥漫性坏死	慢性副伤寒
	卡他性、出血性炎症	猪痢疾，胃肠炎，食物中毒
	结肠系膜高度水肿	水肿病
心脏和肺脏	肺表面有粟粒大小不等的干酪样结节	结核病
	心外膜斑点状出血	猪瘟，猪肺疫，链球菌病等
	心肌条纹状坏死带	口蹄疫
	纤维素性心外膜炎	猪肺疫
	心瓣膜菜花样增生物	慢性猪丹毒
	心肌内有米粒大小的灰白色囊泡	猪囊尾蚴病
	心肌苍白，小点状出血	猪瘟，圆环病毒病
膀　胱	黏膜层有出血斑点或针尖状出血	猪瘟
睾　丸	1个或2个睾丸肿大、发炎、坏死或萎缩	乙型脑炎，布鲁氏菌病

（续）

器　官	病理变化	最有可能涉及的疾病
肌　肉	臀肌、肩甲肌、咬肌等处有米粒大小的囊泡	猪囊尾蚴病
	肌肉组织出血、坏死，含气泡	恶性水肿
	腹斜肌、大腿肌、肋间肌等处见有与肌纤维平行的毛根状小体	住肉孢子虫病
血　液	血液凝固不良	附红细胞体病、链球菌病、中毒性疾病等败血性疾病

三、主要猪病的特征性病变

病　名	特征性病变
仔猪红痢	空肠、回肠有节段状出血性坏死
仔猪黄痢	主要在十二指肠有出血性卡他性炎症
轮状病毒性肠炎	胃内有乳凝块，大、小肠黏膜呈弥漫性出血，肠管菲薄
传染性胃肠炎	主要病变在胃和小肠，呈现充血、出血并含有未消化的小凝乳块，肠壁变薄
流行性腹泻	病变在小肠，肠壁变薄，肠腔内充满黄色液体，肠系膜淋巴结水肿，胃内空虚
仔猪白痢	胃肠黏膜充血，含有稀薄的食糜和气体，肠系膜淋巴结水肿
沙门氏菌病	盲肠、结肠黏膜呈弥漫性坏死，肝有坏死点，脾肿大，淋巴结肿胀、出血
猪痢疾	盲肠、结肠黏膜发生卡他性、出血性炎症，肠系膜充血、出血
猪瘟	皮肤、浆膜、黏膜及肾、喉、膀胱等器官表面有出血点，淋巴结充血、出血，回盲瓣口呈纽扣状溃疡，脾边缘有黑色突出于表面的出血性梗死
猪丹毒	体表有疹块，肾充血、肿大、有出血点，脾充血，心内膜有菜花状增生物，关节炎

（续）

病　名	特征性病变
猪肺疫	全身皮下、黏膜、浆膜有明显出血，咽喉部水肿，出血性淋巴结炎，纤维素性肺炎，消化道黏膜充血、出血。
猪水肿病	胃壁、结肠系膜和下颌淋巴结水肿，下眼睑、颜面及头颈皮下有水肿，肺水肿，充血、出血
气喘病	肺的心叶、尖叶及膈叶有对称性的肉变，肺门及纵隔淋巴结肿大

第三节　常见猪病的治疗原则与药物配伍方案

症候（或病名）	主要症状	治疗原则与配伍方案
厌食不吃综合征	突然吃食减少或不吃或只喝水不吃料，或只吃青料不吃粗料，粪便结燥等。体温正常或偏高，皮毛粗乱，生长缓慢	治疗原则：治病先治吃，提高抵抗力 方案一：四季青注射液（方通热效）配合头孢氨苄注射液肌内注射，每天1～2次，连用2～3天 方案二：普鲁卡因青霉素（方通双抗）和盐酸多西环素注射液（方通独链剔），分别肌内注射，每天1～2次，连用2～3天 在用以上处方之一时，口服茵陈蒿散（方通护甘散）、复合B族维生素可溶性粉（方通氨唯多），并肌注维生素B_1注射液（方通长维舒）

（续）

症候（或病名）	主要症状	治疗原则与配伍方案
无名高热症候群	多见于菌毒感染和感冒的中前期。主要表现为吃食减少或不吃，体温升高到 40℃以上，皮肤发红或发紫或有出血斑点，粪便结燥或腹泻等	治疗原则：标本同治，以抗菌、消炎、排毒为主 方案一：四季青注射液（方通独特）直接稀释盐酸土霉素粉针（方通均独百并王）和盐酸头孢噻呋注射液（方通倍健），分别肌内注射，每天 1～2 次，连用 3～4 天 方案二：四季青注射液（方通独特）直接稀释头孢噻呋钠粉针（方通雪独精典 A+B），再配氟苯尼考注射液（方通红皮烂肺康），分别肌内注射，每天 1～2 次，连用 3～4 天 方案三：头孢氨苄注射液配合四季青注射液（方通热效）或盐酸沙拉沙星注射液（方通炎热克），肌内注射，每天 1～2 次，连用 3～4 天 在用以上方案之一时，配合芪贞增免颗粒、氟苯尼考粉（方通氟强散）和复方磺胺间甲氧嘧啶钠预混剂（方通炎磺散）口服
痢疾腹泻症候群（如仔猪黄白痢、仔猪副伤寒、猪血痢、冬季拉稀及各种病毒性腹泻等）	多种细菌、病毒、霉菌或消化不良等原因均可引起痢疾腹泻。主要表现为排黄色、乳白色、灰色或酱油色稀粪或水样腹泻，粪便中常混有血液、黏液、未消化饲料或气泡。有的边吃边泻，有时可见呕吐现象。食欲减退，个别体温升高，生长缓慢等	治疗原则：抗菌杀毒，快速止痢，补充体液 方案一：金根注射液直接稀释头孢噻呋钠粉针（方通利肿炎独宁 A+B），肌内注射，每天 1～2 次，连用 2～3 天 方案二：盐酸环丙沙星注射液（方通杜拉克）配合头孢氨苄西林钠粉针（方通泰宁），肌内注射，每天 1～2 次，连用 2～3 天 在用以上处方之一时，配合硫酸新霉素可溶性粉（方通利炎粉）和四黄止痢颗粒和口服补液盐口服

（续）

症候（或病名）	主要症状	治疗原则与配伍方案
呼吸障碍综合征（如喘气病、胸膜肺炎、猪肺疫及副猪嗜血杆菌病等）	多种细菌、支原体、霉菌等原因引起的以咳嗽、气喘和呼吸困难为主要特征的一系列疾病。主要表现为体温升高至40～41.5℃及以上，畏寒怕冷，皮肤发红、发紫或有出血斑点，或有呕吐现象，呼吸加快，呈犬坐式呼吸，触摸胸部有疼痛感	治疗原则：抗菌杀毒，快速缓解呼吸症状 方案一：硫酸卡那霉素注射液（方通必洛克）稀释酒石酸泰乐菌素粉针（方通泰克），另一侧肌内注射氟苯尼考注射液（方通红皮烂肺康），每天1～2次，连用3～4天 方案二：泰乐菌素注射液（必洛星-200）配合盐酸沙拉沙星注射液（方通热迪），肌内注射，每天1～2次，连用3～4天 延胡索酸泰妙菌素预混剂（方通必洛星散）、氟苯尼考粉（方通氟强散）和清肺颗粒，拌料，连用4～5天
猪附红细胞体病及其混合感染	本病多为条件性疾病，绝大多数猪带菌，当发生其他疾病、应激等因素时才会出现明显的临床症状。主要表现为急性黄疸性贫血和发热，有时体温高达42℃，四肢末梢、耳尖、腹下出现大面积紫红斑块，有的全身发紫，皮肤、脂肪黄染，混合感染时出现严重的败血症现象	治疗原则：控制原发病，杀灭血液原虫 方案一：盐酸多西环素注射液（方通独链剔）或20%土霉素注射液（方通附血康）配合盐酸吖啶黄注射液（方通雪从亡），分别肌内注射，每天1～2次，连用2～4天 方案二：四季青注射液（方通独特）直接稀释头孢噻呋钠粉针（方通雪独精典A+B）配合三氮脒粉针（方通附雪松），分别肌内注射，每天1～2次，连用3～4天 拌料：盐酸多西环素可溶性粉（方通独链剔粉）、复方磺胺间甲氧嘧啶钠预混剂（方通炎磺散）和二氢吡啶预混剂（方通优生太），连用4～5天

（续）

症候（或病名）	主要症状	治疗原则与配伍方案
猪弓形虫病及其混合感染	由弓形虫寄生引起的一种发热性疾病。病初体温高达 40.5～42℃，持续 7～10 天，粪干而带有黏液，哺乳小猪多呈水样腹泻。有呼困难、咳嗽和呕吐现象。末期耳翼、鼻盘、四肢下部及腹下出现紫红色瘀斑。最后呼吸极度困难，体温急剧下降而死亡	治疗原则：杀灭原虫，控制继发感染 方案一：复方磺胺间甲氧嘧啶钠注射液（恒华金刚）配合阿莫西林钠粉针（方通热雪多太），分别肌内注射，每天 1～2 次，连用 3～4 天 方案二：复方磺胺间甲氧嘧啶钠注射液（方通孕蓄金针）配合 20%土霉素注射液（方通附血康），分别肌内注射，每天 1～2 次，连用 3～4 天 复方磺胺间甲氧嘧啶钠预混剂（方通炎磺散）加倍拌料，并配合芪贞增免颗粒和维生素 C 可溶性粉使用
高致病性蓝耳病（猪高热病）、圆环病毒病及其混合感染	猪高热病在怀孕母猪与初生仔猪症状表现最为明显。主要特征为厌食、高热、繁殖障碍和呼吸困难，耳部呈蓝紫色。圆环病毒病多发于仔猪，发热，全身有点状斑块。二者均严重损害机体免疫器官，降低机体抵抗力，严重干扰疫苗免疫效果，引发多种传染病的暴发，表现为新生仔猪先天性震颤和断奶后消耗性综合征	治疗原则：排毒平喘，解热镇痛，提高抗病力 方案一：四季青注射液（方通独特）直接稀释阿莫西林粉针（方通口蓝圆毒慷 A+B），再配合氟苯尼考注射液（方通红皮烂肺康），分别肌内注射，每天 1～2 次，连用 3～4 天 方案二：四季青注射液（方通独特）直接稀释头孢噻呋钠粉针（方通雪独精典 A+B），再配合泰乐菌素注射液（必洛星-200），分别肌内注射，每天 1～2 次，连用 3～4 天 在用以上方案之一时，用氟苯尼考粉（方通氟强）、磷酸替米考星预混剂（方通乎揣通散）、清肺颗粒和复合 B 族维生素可溶性粉（方通氨唯多）拌料或饮水，效果更佳

（续）

症候（或病名）	主要症状	治疗原则与配伍方案
猪瘟、猪链球菌病症候群及其混合感染	病猪体温升高到 41℃以上，稽留不退，畏寒怕冷，眼角分泌物增多，喜吃脏水，便结与腹泻交替进行，站立不稳，后肢麻痹，皮肤充血、出血或紫绀坏死，指压不褪色，以腹下，鼻端、耳和四肢内侧等部位最常见。剖检以组织器官、血管内皮和浆膜黏膜的出血性变化为特征。常混合感染巴氏杆菌、副伤寒、胸膜肺炎、喘气病、附红体等	治疗原则：对症防治，控制继发感染，提高免疫力 方案一：盐酸沙拉沙星注射液（方通沙特）配合硫酸庆大-小诺霉素注射液（方通王），再配合黄芪多糖注射液（方通抗毒），肌内注射，每天 1～2 次，连用 3～4 天 方案二：板蓝根注射液（方通独自）或金芩芍注射液（方通诸乐）稀释头孢噻呋钠粉针，再配合恩诺沙星注射液分别肌内注射，每天 1～2 次，连用 3～4 天 方案三：银黄提取物注射液（方通热独先峰）、青霉素钠粉针（方通特林）和氟苯尼考注射液（方通重正克传），分别肌内注射，每天 1～2 次，连用 3～4 天 拌料或饮水：阿莫西林可溶性粉（方通阿莫欣粉）配合七清败毒颗粒（方通奇独康颗粒）和氟尼辛葡甲胺颗粒（方通热迪颗粒），连用 4～5 天
各种乳腺炎症	奶牛、奶山羊和泌乳期母猪多发各种乳腺炎。主要有乳房红肿热痛，产乳不足或污染，乳汁有絮状物，仔猪贫血和腹泻等临床症状	治疗原则：杀毒灭菌，抗炎消肿，活络通乳 方案一：双丁注射液（方通汝健）配合头孢噻呋钠注射液，肌注或乳室内灌注，每天 1 次，连用 3～5 天 方案二：氟尼辛葡甲胺注射液（方通速解宁）配合普鲁卡因青霉素注射液（方通双抗）或盐酸头孢噻呋注射液（方通倍健），肌内注射，每天 1～2 次，连用 3～4 天 拌料或饮水：二氢吡啶预混剂（方通优生太）和万乳康，连用 4～5 天

（续）

症候（或病名）	主要症状	治疗原则与配伍方案
仔猪水肿病	由大肠杆菌内毒素引起仔猪断奶前后的多发性疾病。表现为脸部、眼睑、结膜、齿龈水肿、发红和肌肉震颤抽搐，四肢呈游泳状划动，神经症状明显等，体温无明显变化。生长快、体况健壮的仔猪最先发，死亡率高	治疗原则：抗炎消肿，利尿排毒 方案一：亚硒酸钠维生素 E 注射液（方通肿独康）配合地塞米松磷酸钠注射液（方通血热宁）和头孢噻呋钠注射液，肌内注射，每天 2 次，连用 2 天 方案二：亚硒酸钠维生素 E 注射液（方通水肿抗毒素）配合头孢噻呋钠粉针和呋塞米注射液（方通速尿），肌内注射，每天 2 次，连用 2 天 拌料或饮水：亚硒酸钠维生素 E 预混剂（方通肿独康散）配合氟苯尼考粉（方通氟强散）和七清败毒颗粒（方通奇独康），连用 4～5 天

第四节　猪生长发育不同阶段的易发性疾病和保健方案

一、哺乳阶段的保健方案

哺乳仔猪的主要疾病有仔猪红痢、黄痢、白痢、轮状病毒性腹泻、仔猪球虫病等。仔猪红痢主要发生于产后 3 天内。发生过此病的仔猪，出生 3 日龄后臀部肌注右旋糖酐铁注射液（如方通利雪宝）1mL/头，同时灌服板青颗粒或茵栀解毒颗粒（如方通独林颗粒）。

按以下方案进行保健，可有效防止哺乳仔猪及断奶猪的各种肠道和呼吸道疾病。

3 日龄仔猪，肌内注射头孢氨苄注射液（方通倍健）0.1mL；

7 日龄仔猪肌内注射泰乐菌素注射液（必洛星-200）0.1mL；

21 日龄仔猪肌内注射泰乐菌素注射液（必洛星-200）0.5mL；

28 日龄仔猪肌内注射头孢氨苄注射液（方通倍健）0.5mL；

70日龄仔猪肌内注射泰乐菌素注射液（必洛星-200）1mL。

二、断奶后保育阶段的保健方案

保育阶段容易感染的疾病很多，如断奶后腹泻、呼吸与繁殖障碍综合征（蓝耳病）、伪狂犬病、仔猪水肿病、链球菌病、圆环病毒病、副猪嗜血杆菌病、结肠螺旋体感染、回肠炎、猪痢疾、关节炎等，有时还会发生典型或非典型猪瘟。如果霉菌毒素含量超标可能使这一阶段疾病更复杂。

保健方案：断奶当日饲料中添加氟苯尼考粉（方通氟强散）、盐酸多西环素可溶性粉（方通独链剔粉）和芪贞增免颗粒，连用7天；停半个月后，饲料中长期添加二氢吡啶预混剂（方通优生太）和复合B族维生素可溶性粉（方通氨唯多），有助于增强该阶段仔猪防病抗病能力，提高饲料报酬率，快速增重促长。

三、生长育肥阶段的保健方案

生长育肥阶段疾病较少，但一旦发生造成的经济损失较大。研究表明：14～18周龄育肥猪发生的猪呼吸道综合征是由多种病原体引起的，如流感病毒、高热病病毒（高致病性蓝耳病病毒）、巴氏杆菌、副猪嗜血杆菌等；菌毒综合征，主要是由链球菌、猪瘟病毒、伪狂犬病毒、圆环病毒等引起；有时也由寄生虫如弓形虫、附红细胞体、蛔虫、肺丝虫等引起。

保健方案：于11、16周龄前后各用阿苯哒唑-伊维菌素预混剂（方通刹虫亡散）驱虫1周；13、17周龄时各用复方磺胺间甲氧嘧啶预混剂（方通炎磺散）配合盐酸多西环素可溶性粉（方通独链剔粉）和芪贞增免颗粒1周；每月定期用脱霉剂和茵陈蒿散（方通护甘散）饲喂7～10天。防霉脱霉，保肝护肾。

四、后备母猪及产后母猪的保健方案

后备母猪在配种前要完成大部分疫苗的接种工作（接种程序见

本章第十节）；用阿苯哒唑-伊维菌素预混剂（方通刹虫亡散）驱除后备母猪及公猪的体内外寄生虫；饲料中添加延胡索酸泰妙菌素预混剂（方通必洛星散）或20%替米考星预混剂（方通乎揣通散）配合盐酸多西环素可溶性粉（方通独链剔粉），可以有效预防气喘病、副猪嗜血杆菌病、圆环病毒病、弓形虫病和附红细胞体病等，提高母猪和仔猪的抵抗力，增强疫苗的免疫效果。

由于猪舍环境卫生的影响，母猪产后易发“产后三联症（子宫内膜炎-乳房炎-无乳或泌乳缺乏症）”，可在产前、分娩当天、分娩后分别口服益母生化合剂30～50mL，产后2h内肌内注射头孢氨苄注射液或盐酸头孢噻呋注射液（方通倍健）1次即可。

五、怀孕母猪的保健方案

母猪怀孕后胚胎死亡主要发生在妊娠早期（15～30天）和妊娠中期（60～70天）。影响胚胎死亡的因素主要有猪细小病毒病、肠内病毒病、乙型脑炎、伪狂犬病、蓝耳病、溶血性葡萄球菌病、布鲁氏菌病等。

保健方案：产前一个月喂服复合B族维生素可溶性粉（方通氨唯多）；怀孕母猪产前产后一周喂服二氢吡啶预混剂（方通优生太）和复合B族维生素可溶性粉（方通氨唯多），同时喂服阿莫西林可溶性粉（方通阿莫欣粉）和芪贞增免颗粒。有效增强抵抗力，防治便秘，预防病原从母猪到仔猪的垂直传播。

六、应激性疾病的处理方案

在发生气候骤变、疫苗接种、转群、运输和疾病时，均易发生应激性疾病，可用维生素C可溶性粉或复合B族维生素可溶性粉（方通氨唯多）和芪贞增免颗粒拌料3～5天；当疫情暴发时，还可添加氟苯尼考粉（方通氟强散）或盐酸多西环素可溶性粉（方通独链剔粉）拌料喂服，可大大减少应激反应，防止疾病的发生。平时，尤其是在夏季的饲养过程中，按上述方案添加保健药物，能有效降低暑热、运输和疾病给畜禽带来的危害。

第五节 不同季节多发性猪病的防控措施

一、春季多发性疾病的防控措施

春季气温逐渐上升，各种细菌大量繁殖，昼夜温差大，易导致应激生病。而此时猪经过越冬，身体抵抗能力较弱，一旦消毒不彻底，管理不当，极易诱发猪病。春季猪易发的传染病主要有猪瘟、猪传染性胃肠炎、猪轮状病毒病、猪流感、仔猪副伤寒、仔猪红痢、仔猪黄痢、仔猪白痢、猪痢疾、喘气病、仔猪水肿病、萎缩性鼻炎等。

（1）提供适宜的环境温度，防制气温骤变诱发疾病；加强饲养管理，提高饲粮的营养水平，增强猪的抵抗能力；彻底消毒，保持舍内清洁干燥、空气清新、饮水洁净、减少应激等。

（2）药物的防控措施：延胡索酸泰妙菌素预混剂（方通必洛星散）配合清肺颗粒和茵栀解毒颗粒（方通独林颗粒），连用 7～10 天，停药 15～20 天后重复用药一次。

二、夏季多发性疾病的防控措施

夏季除一些如猪瘟、猪流感、仔猪副伤寒、口蹄疫和暑热病等传统性疾病多发外，随着近几年养猪规模的扩大和饲养技术水平的低下，还流行猪链球菌病、附红细胞体病、弓形虫病、猪皮炎肾病综合征、猪丹毒、猪球虫病、霉菌毒素中毒病、哺乳仔猪腹泻病以及“高热病”等。

（1）夏季防暑降温措施不力是导致夏季疾病爆发的主要诱因之一。因此，保持猪舍适当通风，使用喷淋或滴水降温系统；提高日粮质量，特别是能量、蛋白质和维生素水平；严格执行每月 2～3 次的彻底消毒措施；杀虫灭蝇，防制血液原虫病的发生。

（2）药物的防控措施：氟尼辛葡甲胺颗粒（方通热迪颗粒）、

复方磺胺间甲氧嘧啶钠预混剂（方通炎磺散）和七清败毒颗粒（方通奇独康颗粒）拌料或饮水，连用7～10天，停药15～20天重复用药一次。同时，饲料中长期添加二氢吡啶预混剂（方通优生太）拌饲，有良好的促长增重，防病保健作用。

三、秋季多发性疾病的防范措施

秋季气候多变，易诱发猪发生附红细胞体病、链球菌病及混合感染、传染性胃肠炎和猪流行性腹泻、蓝耳病、猪伪狂犬病、弓形虫病、猪瘟、猪肺疫、猪流感和风湿病等。

（1）加强生猪的饲养管理，严防风、寒、湿的侵袭，加大通风换气，及时清除圈内粪尿、污泥及浊水，保持地面干燥和清洁卫生。加厚垫草、防寒保暖等。

（2）药物的防控措施。

方案一：复方磺胺间甲氧嘧啶钠预混剂（方通炎磺散）配合盐酸多西环素可溶性粉（方通独链剔粉）和清肺颗粒，拌料，连用7天。

方案二：氟苯尼考粉（方通氟强散）或替米考星预混剂（方通乎揣通散）配合脱霉剂和茵陈蒿散（方通护甘散）饲喂7～10天。

四、冬季多发性疾病的防控措施

冬季不少养殖户都用塑料布盖顶来提高猪舍温度，降低饲养成本。但由于环境密闭，容易诱发猪发生以下疾病：气喘病、猪呼吸道综合征、肠炎、腹泻综合征、疥螨病等。

（1）在保证提供适宜温度的同时，加强空气流通，保证圈舍内空气清新；加强饲养管理，提高饲粮营养水平，特别是能量、蛋白质；驱杀体内外寄生虫，增强猪的抵抗力；彻底消毒，保持舍内清洁干燥和饮水的洁净。

（2）药物的防控措施：延胡索酸泰妙菌素预混剂（方通必洛星散）或替米考星预混剂（方通乎揣通散）配合氟苯尼考粉（方通氟

强散）和脱霉剂、茵陈蒿散（方通护甘散）饲喂7～10天，同时全群用阿维菌素粉（方通驱倍健）驱除体内外寄生虫。

第六节　僵猪的育肥

形成僵猪的原因很多，先天性因素如近亲繁殖或早配及妊娠母猪饲养管理不当，致仔猪初生重低、生命力弱；后天性因素如母猪奶水不足、营养不良、断奶过早、补料不及时、营养严重缺乏以及疾病等因素。可采取以下措施解僵育肥。

一、驱虫清胃

在无病和天晴时，中午停喂一顿，到晚8～9点钟空腹时，用阿苯哒唑伊维菌素片（方通刹虫亡片）或伊维菌素片（方通伊从客片）拌少量精料1次投喂。两天后，再取生石灰1kg溶于5kg水中，沉淀后将石灰水清液拌潲喂猪，每天1次，连服3天。对体况较好的僵猪，也可停喂1次，只喂些0.9%的淡盐水或少量轻泻剂，如口服补液盐、芒硝等，排除僵猪胃肠道内的各种毒素，消除制约僵猪生长发育的因素。

二、健胃消食

要使僵猪彻底脱僵，必须使其在消化机能上有一个大的改变。可按僵猪每千克体重用大黄苏打1片（含量0.3g），最多不超过10片，研末拌饲料喂服，每天2次，连服3天健胃；与此同时，结合用山楂、麦芽、神曲各50g（1次用量），煎汁拌潲喂，每天2次，连用5天。实践证明，经过这样处理的僵猪，食欲旺盛，消化机能大为增强。

三、精养细管

青饲料要清洗沥干，适当切细；糠麸等粗料应加工粉碎后，才能按比例拌上营养较全面的配合饲料生喂，并在配合饲料中添加二氢吡啶预混剂（方通优生太）和复合B族维生素可溶性粉（方通氨唯多），增强僵猪消化吸收和抗病力。

四、添喂“石硫盐”

生石灰、硫黄、食盐各等量，先把食盐炒黄，倒入生石灰同炒10min，起锅待凉后加入硫黄，共研末，装瓶备用。体重25kg以下猪每天服用5～8g，25kg以上的猪每天服用10～15g，直至出肥。这既补充了矿物质，又刺激了食欲，是育肥僵猪不可缺少的重要措施。

五、注射维生素B_{12}注射液

僵猪用阿苯哒唑伊维菌素预混剂（方通刹虫亡散）和口服补液盐驱虫清胃10天后，每头猪每隔3天肌注2～4mL维生素B_{12}，连用7～10次。此外，还可适时肌注右旋糖酐铁注射液（方通利雪宝），对促进生长，增强体质有特殊功效。待僵猪体况好转后，请及时接种疫苗。

第七节 猪“怪病不吃”症的解决方案

采食是猪赖以生存的最基本的活动之一，也是其消化代谢过程的首要环节。猪采食不但受饲料的组成性质和饲养管理制度的制约，而且还受到胃肠道消化活动和机体代谢活动的影响，采食活动受到位于下丘脑的食物中枢和内分泌系统的调节。猪积极采食是食欲旺盛，机体健康的重要特征。

猪采食后食物进入消化道，在神经和体液调节的作用下，胃肠道开始蠕动和分泌胃肠消化液，加上胃肠激素调节胃肠功能活动和胰液胆汁的作用，完成采食、消化、吸收等一系列连贯过程。如果其中的某一环节出现问题，猪将出现食欲下降甚至废绝，就是临床

上看到的“怪病不吃”。

通过大量的临床调查和治疗应用，总结出了几种猪“怪病不吃”的原因和防治方案，供广大养殖户及兽医工作者参考。

一、饲料霉变、黄曲霉素中毒或其他慢性中毒所导致的不吃症

天气阴雨连绵时，常导致部分玉米出现霉变。在饲喂霉变玉米7～15天后，猪会出现只喝水、不吃料、被毛粗乱、皮肤苍白、黄疸、皮肤及内脏出血、出现胃穿孔或腹水，甚至出现其他的继发感染。

解决方案：不同生长阶段的猪应给予不同的饲料，防止饲料霉变。若怀疑饲料有霉变时，应立即停止使用，并在饲料中添加脱霉剂吸附霉菌毒素，饲料中添加复合B族维生素可溶性粉（方通氨唯多）和茵陈蒿散（方通护甘散）及二氢吡啶预混剂（方通优生太），增加维生素和赖氨酸的水平。同时，连续肌内注射3～5次维生素 B_1 注射液（方通长维舒）和维生素C注射液，严重者同时肌内注射氯化氨甲酰甲胆碱注射液（方通不驰）。

二、药物使用不当引起的不吃症

长期大剂量使用磺胺类药物引起蓄积中毒所致的白细胞减少、免疫力下降、消化功能紊乱、胃肠道菌群失调和长期使用安乃近、氨基比林及非甾体类解热镇痛药物所致的胃肠道炎症、溃疡引起不吃。

1. 临床症状

不吃料或只吃少许青料，体温正常或偏低，精神沉郁，饮水次数增加。剖检时可见胃肠道炎症、溃疡甚至穿孔。

2. 解决方案

立即停止使用磺胺类药物和解热镇痛药物，饲料中添加复合B族维生素可溶性粉（方通氨唯多）、二氢吡啶预混剂（方通优生太）

和口服补液盐，饮水中添加适量小苏打；病情明显时，用普鲁卡因青霉素注射液（方通双抗）配合维生素 B_1 注射液（方通长维舒）肌内注射。

三、无名高热引起的不吃症

1. 临床症状

无名高热主要表现为体温升高，精神沉郁，不吃饲料甚至青绿饲料也不吃，饮水次数增加甚至喜饮脏水，部分皮肤出现红色斑点，粪便干燥，表面有黏液，内脏出现不同程度的多样化病理变化。

2. 解决方案

引起猪发热的疾病很多，应加强饲养管理，做好预防工作，定期在饲料中添加复合 B 族维生素可溶性粉（方通氨唯多）、二氢吡啶预混剂（方通优生太）和口服补液盐，饮水中添加适量小苏打。

当病情严重时，用四季青注射液直接稀释头孢噻呋钠粉针（方通雪独精典 A+B）或用普鲁卡因青霉素注射液（方通双抗）配合盐酸沙拉沙星注射液（方通热迪）肌内注射，每天 1～2 次，连用 2～4 天；另外配合维生素 B_1（方通长维舒）和维生素 C 注射液肌内注射；拌料或饮水中添加复方磺胺间甲氧嘧啶钠预混剂（方通炎磺散）、氟苯尼考粉（方通氟强散）及七清败毒颗粒（方通奇独康），效果更佳。

四、其他不明原因引起的不吃症

1. 临床症状

体温正常或稍低，精神基本正常，有的喜卧栏，吃食时吃几口甚至直接不吃，饮水次数增加，部分喜饮脏水，排尿困难呈黄色，拉硬球粪，久治不愈。

2. 解决方案

四季青注射液（方通热效）或盐酸沙拉沙星注射液（方通热

迪）配合青霉素钾粉针（方通美林）或阿莫西林钠粉针（方通热雪多太）及维生素 B_1 注射液（方通长维舒），肌内注射，每天 1～2 次，连用 2～4 天；饲料中添加复合 B 族维生素可溶性粉（方通氨唯多）、二氢吡啶预混剂（方通优生太）、芪贞增免颗粒和口服补液盐。

造成猪只不吃的原因很多，其根本应在治本，不应该在出现不吃时再治疗，应该加强饲养管理，防患于未然。

第八节　母猪瘫痪的病因与防制

在饲养管理粗放、饲料条件较差和气候寒冷的情况下，极易发生母猪瘫痪。该病发生后，不但影响母猪的利用价值，而且也影响仔猪的质量，给养猪生产造成很大的损失。

一、发病时间与症状

母猪瘫痪一般发生在产前数天及产后 30 天内，个别母猪在产后几天内就会出现腰部麻痹、瘸腿及瘫痪现象。瘫痪之前，母猪食欲减退或不食，行动迟缓，粪便干硬成算盘珠状，喜饮清水，有拱地、啃砖、食粪等异食现象，但体温正常。瘫痪发生后，起立困难，扶起后呆立，站立不能持久，行走时后躯摇摆、无力。驱赶时后肢拖地行走，并有尖叫声，最后瘫卧不动

二、发病原因

（1）母猪日粮中精料比例过高。据观察，在饲喂粗饲料较多的猪场，母猪产仔前后很少发生瘫痪，这说明母猪发生瘫痪与日粮中粗饲料所占比例大小有密切关系。据专家分析，可能是因为粗饲料在日粮中的比例较高或猪的生产力较低，从而维持了母猪的钙磷比例。

（2）母猪日粮中钙、磷不足。当日粮中钙、磷不足时，母猪怀孕期间会挪用骨骼中的钙和磷，时间一长，就会导致母猪体内钙、

磷缺乏，特别是高产母猪，更容易发生该病。产仔 20 天后，母猪泌乳量达到高峰时，病情大多趋于严重。

(3) 精料中谷类、豆类等比例过大。谷类、豆类中所含磷大多以植酸磷的形式存在，这种磷不仅不易被猪利用，而且还会妨碍钙的吸收，使猪体组织中钙、磷严重不足，导致瘫痪。

三、防制措施

合理搭配饲料，力求日粮营养均衡。根据母猪饲养标准，要充分利用本地的自然资源，尽量多喂青绿饲料（不可一次喂得太多，以防母猪拉稀）或优质干草粉，并补喂矿物饲料及添加剂等，可有效提高母猪生产力和预防母猪瘫痪。对处于怀孕期和哺乳期的母猪，每头每天可喂优质骨粉、食盐各 20g。如果没有骨粉，可适当加大日粮中麦麸、米糠等含磷较多的饲料的比例，加喂地瓜蔓藤等含钙较多的青粗饲料，对防治母猪瘫痪也有良好效果。

对发病的猪，应尽早进行对症治疗。可使用猪骨或其他新鲜畜禽骨经烘干粉碎后，拌入饲料中饲喂，每天每头可喂 30g 左右。对重症病猪，第一天用樟脑磺酸钠注射液（方通低温心肺康）或安钠咖注射液调整心脏功能，肌内注射维生素 D_3 注射液或维生素 AD 注射液（方通钙补宁），第二天静脉注射或静脉滴注氯化钙注射液或葡萄糖酸钙注射液，连用 2～3 次。但需注意：樟脑磺酸钠注射液、安钠咖注射液和钙等强心药不能同时使用。

在抓紧治疗的同时，应进一步加强饲养管理，冬天注意防寒保暖，夏季注意防暑降温。同时要喂给易消化的饲料，加强钙的补充，注意保持猪舍干净卫生，增加垫草厚度，经常帮助母猪翻身，以防发生褥疮。此外，还要尽量减少环境中的应激因素，以利母猪康复。

第九节　母猪产前、产后便秘的防制方案

母猪分娩前后生理上发生很大的变化，特别是母猪怀孕产仔

后，消化器官受挤压程度减轻后功能异常活跃，对肠内容物中水分吸收能力增强。如果饲养管理不科学，极易形成便秘，严重者引起不食、腹胀、发热、拉“算盘珠”样粪，病程长者达一月有余，泌乳停止，严重影响仔猪发育。

经临床应用，以下措施对防制便秘有良好效果。

（1）增加母猪活动量，促进消化。适量的运动可以促进胃肠蠕动，增加消化液分泌，使形成的粪便利于排出。

（2）产前及产后7～10天，饲料中加入2%～4%的植物油，增加肠道润滑作用。

（3）产前及产后10～15天，多投给青绿多汁饲料，同时饲料中多加入一些麸皮，麸皮中含有丰富的植酸磷，具有轻度的腹泻作用。

（4）便秘发生时，饲料中加入适量的硫酸镁。如因发热等菌毒性感染引起的便秘，一是要及时退热；二是要针对病原进行治本。

（5）产前、产后在饲料中添加维生素C粉、复合B族维生素可溶性粉（方通氨唯多）和板青颗粒等，对预防便秘有良好效果。

第十节　猪场的免疫程序（仅供参考）

一、商品猪的免疫程序

日龄	疫苗名称	剂量	免疫方法	备注
吃乳前1.5h	猪瘟弱毒细胞苗	1～2头份	肌内注射	猪瘟严重的猪场使用
3～5日龄	猪伪狂犬病基因缺失活疫苗	1头份	滴鼻	TK/gG缺失苗
10～12日龄	喘气病疫苗	1头份	肺内或肌内注射	
15～16日龄	猪圆环病毒病灭活苗	1头份	肌内注射	
14日龄	猪链球菌病疫苗 猪水肿病多价苗	2mL 2mL	肌内注射 肌内注射	选做

（续）

日龄	疫苗名称	剂量	免疫方法	备注
20 日龄	副猪嗜血杆菌病疫苗	1mL	肌内注射	选做
20～25 日龄	猪瘟细胞苗或组织苗	2～4 头份	肌内注射	最好用商品苗
30 日龄	口蹄疫苗	1 头份	肌内注射	最好用商品苗
35 日龄	猪圆环病毒病灭活苗	1 头份	肌内注射	加强免疫
40 日龄	喘气病疫苗	1 头份	肌内注射	加强免疫
45 日龄	口蹄疫病毒苗	1～2mL	肌内注射	最好用商品苗，加强免疫
50 日龄	猪丹毒-肺疫二联苗	1～2 头份	肌内注射	选做
60 日龄	猪瘟细胞苗或组织苗	2～4 头份	肌内注射	加强免疫

二、母猪的免疫程序

接种时间	疫苗名称	剂量	免疫方法	备注
配种前 40 天	伪狂犬病基因缺失活疫苗	2～3mL	肌内注射	
配种前 35 天	细小病毒病和乙脑二联苗或单苗	2mL	肌内注射	
配种前 35 天	乙型脑炎活疫苗	1.5 头份	肌内注射	
配种前 30 天	猪瘟细胞苗或组织苗	4 头份	肌内注射	
配种前 25 天	蓝耳病灭活苗	1 头份	肌内注射	
配种前 20 天	口蹄疫弱毒苗	1 或 3mL	肌内注射	
配种前 15 天	猪圆环病毒病灭活苗	2 头份	肌内注射	
产前 30 天	大肠杆菌 K_{88}、K_{99}、K_{987P}三价基因工程苗	1 头份	肌内注射	
产前 15 天	大肠杆菌 K_{88}、K_{99}、K_{987P}三价基因工程苗	1 头份	肌内注射	加强免疫
每年的 11 月、12 月	流行性腹泻和传染性胃肠炎二联苗	1 头份	肌内注射	免疫二次

注：母猪前期的免疫程序参考商品猪的免疫程序。

三、种公猪的免疫程序

日龄	疫苗名称	剂量	免疫方法	备注
3月、9月上旬	猪丹毒肺疫二联苗 猪链球菌病疫苗	2头份 2头份	肌内注射 肌内注射	注意间隔一周免疫
每年普防三次	猪伪狂犬病基因缺失活疫苗	2～3mL	肌内注射	间隔4个月免疫一次
3月、9月中旬	猪瘟细胞苗或组织苗	6～8头份	肌内注射	
每年普防三次	口蹄疫弱毒苗	1或3mL	肌内注射	合成肽或“206”佐剂
3月中旬	细小病毒疫苗	2mL	肌内注射	
4月上旬	乙型脑炎活疫苗	1.5头份	肌内注射	5月上旬加强一次

第十一节　商品蛋鸡的免疫程序和预防性投药方案（仅供参考）

日龄	疫苗	饲料饮水及药物的应用
1	马立克氏病疫苗颈背侧皮下注射1羽份（24日内首次免疫）	1～2日龄内不用饲料，让雏鸡充分吸收卵黄，鸡苗购回30～60min后饮水，饮水中添加氟苯尼考粉（方通氟强散）、复合B族维生素可溶性粉（方通氨唯多）和葡萄糖
3	球虫疫苗（10日龄第二次免疫，可达终生免疫）（选做）	开食，用50%雏鸡全价料加50%玉米粉，配合白龙散（方通温独金刚），用至6日龄止
3	新城疫Ⅳ系苗（新-支二联苗）1.5～2羽份饮水	饲料中玉米粉用量逐渐减少，至8日龄时全部过渡到雏鸡全价料。9、10、11日龄3天，在饲料中添加硫酸新霉素可溶性粉（方通利炎粉）和盐酸多西环素可溶性粉（方通独链剔粉）
8	新城疫Ⅳ苗+新城疫油乳剂灭活苗	复合B族维生素可溶性粉（方通氨唯多）、维生素C粉和葡萄糖

（续）

日龄	疫苗	饲料饮水及药物的应用
10	H_{120}、肾型传支冻干苗饮水，同时注射传染性支气管炎油乳剂疫苗	复合B族维生素可溶性粉（方通氨唯多）、维生素C粉和葡萄糖。未作球虫免疫的添加地克珠利溶液（方通排球）
14	传染性法氏囊病冻干苗1.5羽饮水	饮水添加芪贞增免颗粒和复合B族维生素可溶性粉（如方通氨唯多），15、16、17、20、21、22日龄添加清肺颗粒
20	禽流感（H_5+H_9）二价或三价油乳剂灭活苗	无
24	传染性法氏囊病冻干或三价苗，1.5～2羽份饮水	28、29、30日龄饮水中添加硫酸新霉素可溶性粉（方通利炎粉）和盐酸多西环素可溶性粉（方通独链剔粉）
30	传支 H_{52}，1.5～2羽份饮水	饮水中添加复合B族维生素可溶性粉（方通氨唯多）和维生素C粉
35	鸡痘冻干苗，翅膜刺种1羽份（70日龄第二次免疫，流行地区适当提前）	饮水中添加盐酸多西环素可溶性粉（方通独链剔粉）和硫酸新霉素可溶性粉（方通利炎粉）
40	新城疫Ⅳ系冻干苗，肌内注射新城疫油乳剂苗	日粮中添加复合B族维生素可溶性粉（方通氨唯多）、延胡索酸泰妙菌素预混剂（方通必洛星散）和维生素C粉。未驱球虫时，添加地克珠利溶液（方通排球）
45	流感（H_5+H_9）二价或三价油乳剂灭活苗	无
50	传染性喉气管炎冻干苗，1～1.5羽份饮水（未发过病的鸡场可不免疫）	65～69日龄，饲料中添加荆防败毒散（方通毒治散）和清肺止咳散（方通克传散），75～79日龄饮水中添加延胡索酸泰妙菌素预混剂（方通必洛星散）和氟苯尼考粉（方通氟强散）
100	大肠杆菌多价油乳剂，皮下或肌内注射0.5mL（选做）	105～110日龄，饲料中添加荆防败毒散（方通毒治散）、清肺止咳散（方通咳传散）和二氢吡啶预混剂（方通优生太）
120	新城疫-传染性支气管炎-减蛋综合征三联油乳剂苗，每只肌内注射0.5mL	115～125日龄期间，饮水中加重复合B族维生素可溶性粉（方通氨唯多）用量，连用10天。126日龄起饲料中开始添加二氢吡啶预混剂（方通优生太）

第十二节 商品鸭、商品鹅及良种肉鸡的免疫程序（仅供参考）

一、商品鸭的免疫程序

日　龄	疫　　苗
1～3	鸭肝炎卵黄抗体肌内注射 0.5～1mL
7～15	鸭传染性浆膜炎-大肠杆菌二联灭活苗肌内注射 1mL
30	鸭瘟冻干苗皮下注射 1 羽份
35	鸭传染性浆膜炎-大肠杆菌二联灭活苗肌内注射 2mL
60～65	禽霍乱冻干苗皮下注射 1 羽份
90～100	鸭瘟冻干苗皮下注射 1 羽份
种鸭产蛋前 45 天	产蛋减少综合征灭活苗
种鸭产蛋前 1 月	鸭病毒性肝炎弱毒苗

二、商品鹅的免疫程序

日　龄	疫　　苗
1～3	小鹅瘟高免血清或卵黄抗体肌内注射 0.5～1mL
开产前 30 天	种鹅：小鹅瘟弱毒苗皮下或肌内注射 1～1.5 羽份
60 以上	禽霍乱冻干苗皮下或肌内注射 1 羽份

三、良种肉鸡免疫程序

日　龄	疫　　苗
3	新城疫-传染性支气管炎二联苗 1～1.5 羽份饮水
8	新城疫Ⅳ苗＋新城疫油乳剂灭活苗

（续）

日 龄	疫 苗
12	法氏囊冻干苗或三价苗，1～1.5 羽份饮水
15	禽流感（H_5＋H_9）二价或三价油乳剂灭活苗
20	传染性支气管炎 H_{52}，1～1.5 羽份饮水
24	传染性法氏囊病冻干苗或三价苗，1～1.5 羽份饮水
30	禽流感（H_5＋H_9）二价或三价油乳剂灭活苗
40	新城疫Ⅳ苗＋新城疫油乳剂灭活苗

四、家禽疫苗的保存及使用的注意事项

1. 疫苗的保存

（1）冻干活毒疫苗必须结冰保存。

（2）油乳剂或其他灭活疫苗在冰箱的保鲜室内保存。

（3）运输途中使用保温桶（箱），内加冰袋。

2. 疫苗的注射

（1）皮下注射：一般在颈部背侧皮下，先捏起皮肤，针头从上往下以 45 度角斜插入皮肤皱褶后推入。

（2）肌内注射：一般在胸部肌肉或腿部肌肉注射。

（3）注射针头原则上应每只鸡更换一颗，或注射 1 只后严格消毒再注射第二只。针尖无倒须，以避免将绒毛带进皮下或肌肉中而发生炎症。

3. 免疫注意事项

（1）必须保证家禽健康无病才能接种疫苗，以避免激发或引起其他疾病。

（2）接种疫苗前 1～2 天务必使用抗应激保健药，如复合 B 族维生素可溶性粉（方通氨唯多）和维生素 C 粉等维生素和电解质，以提高免疫效果和防止肾肿，保证成活率。

（3）接种活毒疫苗时禁用抗病毒药物和地塞米松磷酸钠注射

液，避免使用抗菌药以免干扰免疫效果；免疫前24～48h不要进行喷雾消毒和饮水消毒。

（4）饮水免疫时：①先断水2～3h，使疫苗水成为唯一水源。②用冷开水或清洁深井水稀释疫苗，免疫水应在1h内饮用完毕，并不得使用铁质饮水器。禁止使用热水及消毒水稀释疫苗，以避免激活或杀伤活毒疫苗，给鸡群带来危险或造成免疫失败。③免疫水中加1%～2%的脱脂奶粉。

（5）油乳剂启口后需当日用完，弱毒疫苗稀释后必须4h用完。

（6）注射马立克氏疫苗时，其稀释液温度应降至2～4℃时方能稀释马立克氏疫苗，由于舍内温度较高，注射的同时用冰袋保存稀释好的马立克氏疫苗，并在2h内注射完成。

附录　病理变化图谱

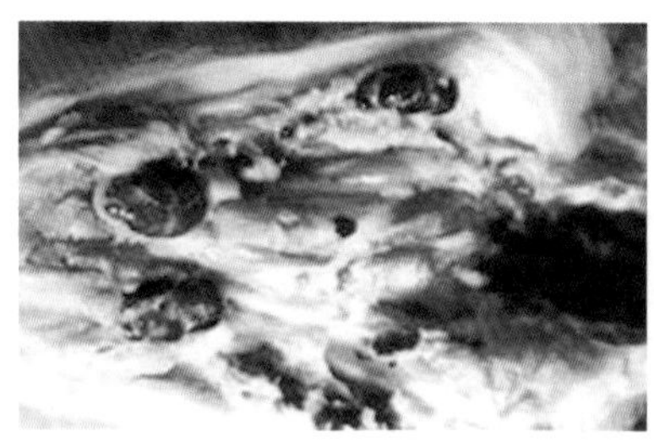

图一　急性猪瘟　下颌淋巴结瘀血

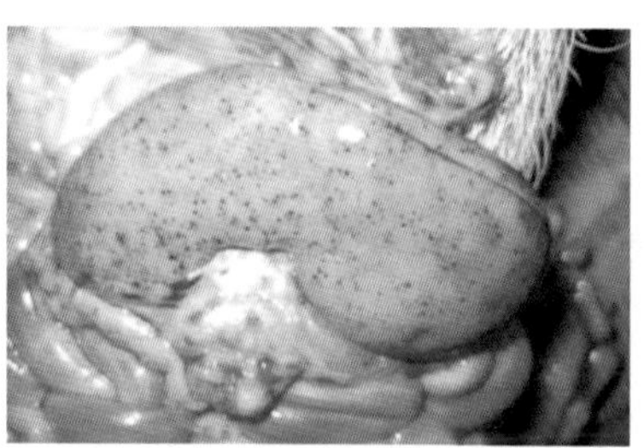

图二　猪瘟　肾表面的针尖状出血

图三　猪瘟　脾脏边缘的出血性梗死

图四　猪高热病　弱胎、死胎

图五　猪高热病　耳部、颈部和腹部变蓝发紫

图六　猪伪狂犬病　后肢瘫痪，尖叫，走路打转，在墙边转圈，乱窜，倒地后四肢呈游泳样划动

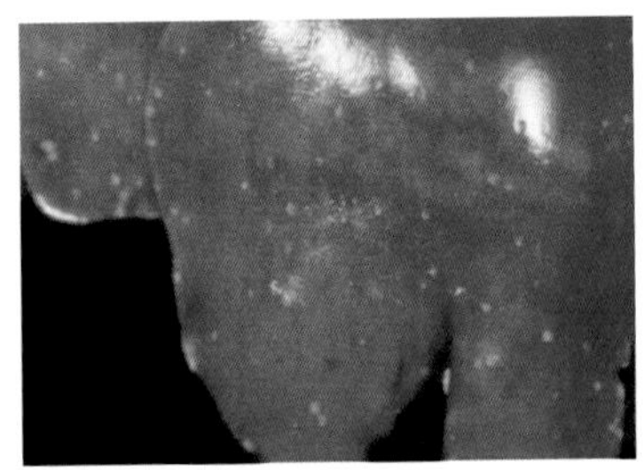

图七　猪伪狂犬病　肝脏表面的灰白色点状坏死

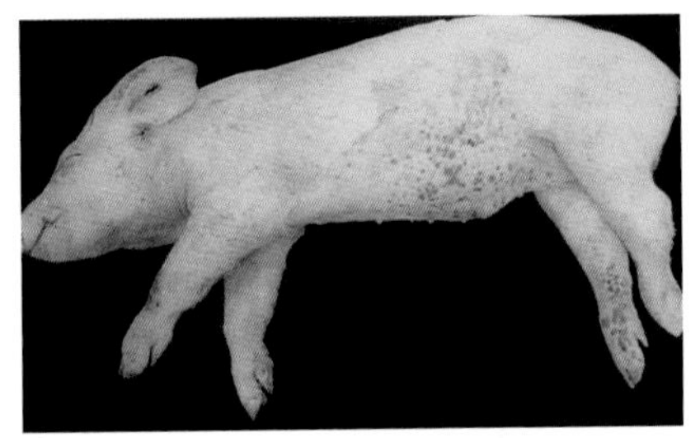

图八　猪圆环病毒病　体表出现豆粒大小不等的红色斑点

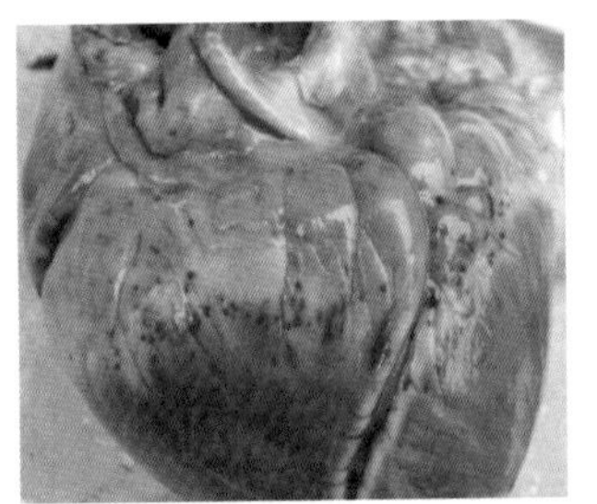

图九　猪链球菌病　心耳、心外膜出血

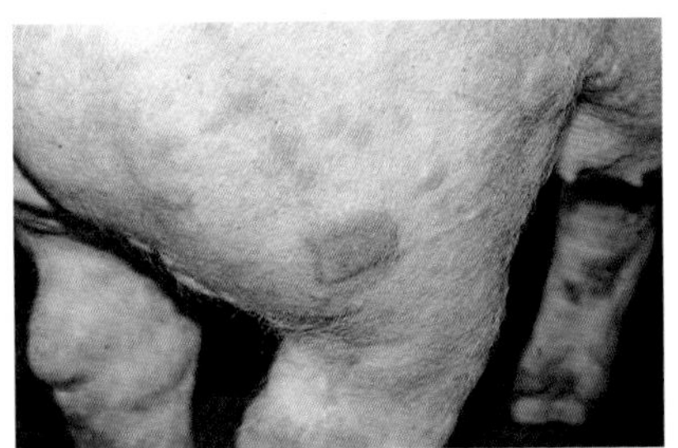

图十　疹块型猪丹毒

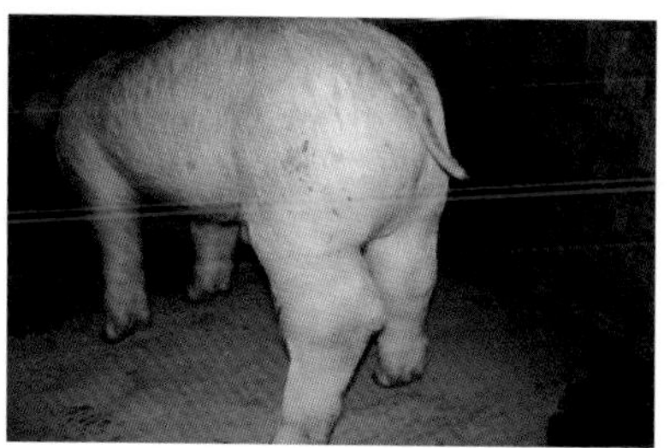

图十一　副猪嗜血杆菌病　关节肿大，积液，跛行

图十二　副猪嗜血杆菌病　心包腔积液、心包膜粘连、有大量纤维素渗出，关节肿大、积液、跛行

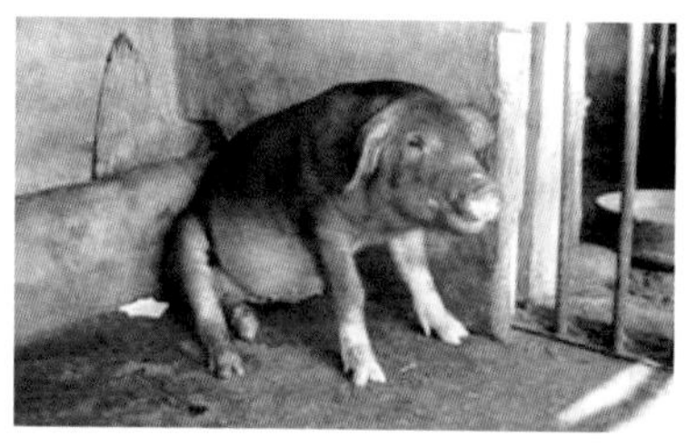

图十三　猪气喘病　呼吸困难，张口喘气，常独立一隅或趴伏在地

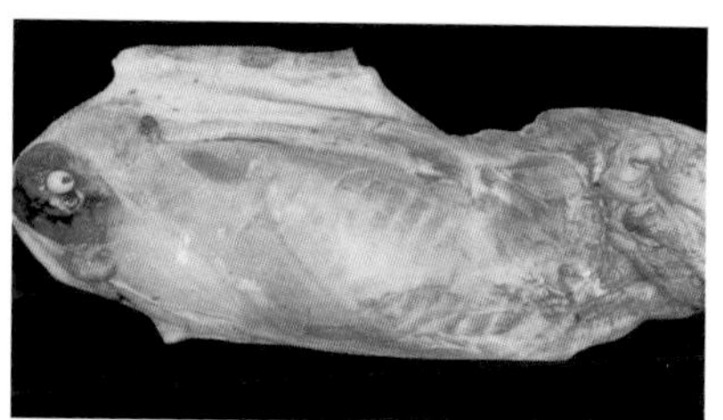

图十四　猪附红细胞体病　肌肉、脂肪黄染

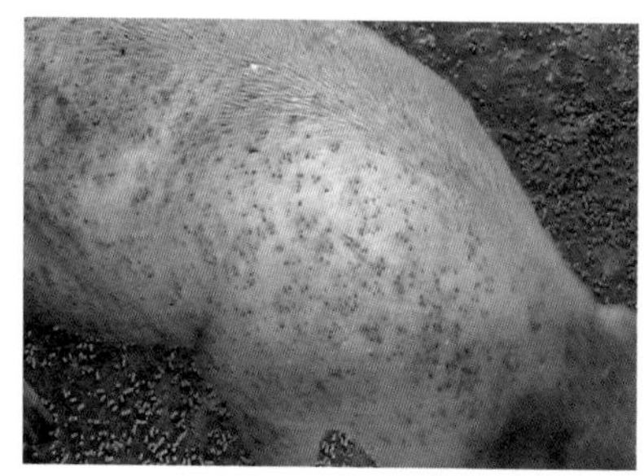

图十五　猪霉菌毒素中毒　严重时，体表出现大量的红色斑点

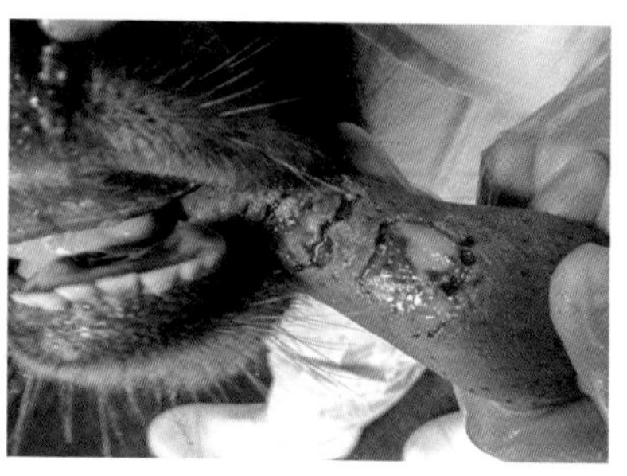

图十六　牛口蹄疫　舌部溃疡糜烂

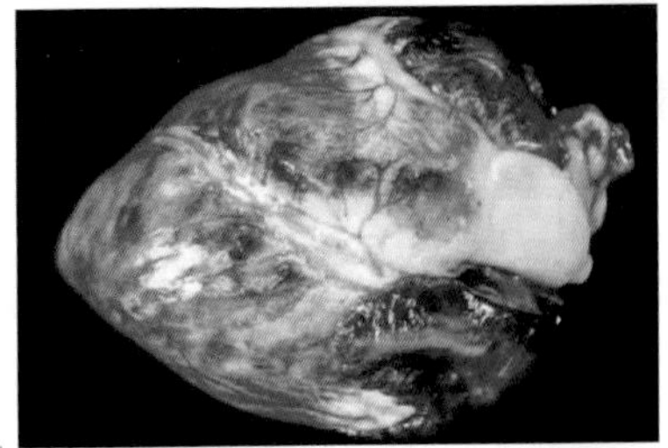

图十七　牛口蹄疫　心肌出血、炎症

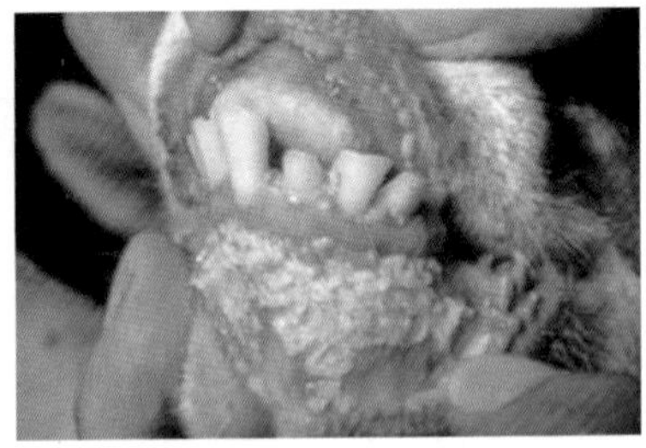

图十八　羊口疮　口唇周边溃疡、糜烂

参 考 文 献

[1] 蔡宝祥 . 2000. 家畜传染病学 [M] . 4 版 . 北京：中国农业出版社 .

[2] 陈溥言 . 2006. 兽医传染病学 [M] . 5 版 . 北京：中国农业出版社 .

[3] 黑根氏，胡祥壁等译 . 1988. 家畜传染病学 [M] . 北京：农业出版社 .

[4] 中国农业科学院哈尔滨兽医研究所 . 1989. 家畜传染病学 [M] . 北京：农业出版社 .

[5] 费恩阁 . 1995. 家畜传染病学 [M] . 长春：吉林科技出版社 .

[6] B. E. 斯特劳，S. D. 阿莱尔，W. L. 蒙加林 . 2000. 猪病学 [M] . 8 版 . 北京：中国农业出版社 .

[7] 高作信 . 2001. 兽医学 [M] . 3 版 . 北京：中国农业出版社 .

[8] 甘孟侯 . 2009. 禽病学 [M] . 北京：中国农业出版社 .

[9] 辛朝安 . 2003. 禽病学 [M] . 北京：中国农业出版社 .

[10] 陈杖榴 . 2011. 兽医药理学 [M] . 北京：中国农业出版社 .

[11] 李玉冰 . 2012. 宠物疾病临床诊疗技术 [M] . 北京：中国农业出版社 .

[12] 史言 . 1997. 兽医临床诊断学 [M] . 2 版 . 北京：中国农业出版社 .

[13] 史言 . 1997. 临床诊疗基础 [M] . 北京：中国农业出版社 .

[14] 贺永建，李前勇 . 2005. 兽医临床诊断学实验指导 [M] . 一版 . 重庆：西南师范大学出版社 .

[15] 李焕章 . 1996. 诊断学基础 [M] . 2 版 . 北京：人民卫生出版社 .

[16] 段得贤 . 1988. 家畜内科学 [M] . 2 版 . 北京：中国农业出版社 .

[17] 王小龙 . 2009. 畜禽营养代谢病和中毒病 [M] . 北京：中国农业出版社 .

[18] 沈建忠，谢联金 . 2000. 兽医药理学 [M] . 2 版 . 北京：中国农业出版社 .
[19] 陈家璞 . 1993. 小动物疾病 [M] . 北京：北京农业大学出版社 .
[20] 陈怀涛，许乐仁 . 2005. 兽医病理学 [M] . 北京：中国农业出版社 .
[21] 赵德明 . 2005. 兽医病理学 [M] . 2 版 . 北京：中国农业大学出版社 .

图书在版编目（CIP）数据

畜禽疾病防治与用药手册/唐建华，王建华主编.—北京：中国农业出版社，2016.4（2017.3 重印）
ISBN 978-7-109-21576-4

Ⅰ.①畜… Ⅱ.①唐…②王… Ⅲ.①畜禽－动物疾病－防治－手册②兽用药－用药法－手册 Ⅳ.①S858-62②S859.79-62

中国版本图书馆 CIP 数据核字（2016）第 077120 号

中国农业出版社出版
（北京市朝阳区麦子店街 18 号楼）
（邮政编码 100125）
责任编辑 黄向阳 刘宗慧

中国农业出版社印刷厂印刷 新华书店北京发行所发行
2016 年 5 月第 1 版 2017 年 3 月北京第 2 次印刷

开本：880mm×1230mm 1/32 印张：6.875
字数：172 千字
定价：28.00 元